AF332605

22516

INSTRUCTION

ADRESSÉE

AUX OFFICIERS D'INFANTERIE.

INSTRUCTION

ADRESSÉE

AUX OFFICIERS D'INFANTERIE

POUR TRACER ET CONSTRUIRE

TOUTES SORTES D'OUVRAGES

DE CAMPAGNE,

Et pour mettre en état de défense différens petits postes,
comme les Cimetières, les Eglises, les Châteaux, les Villages, les Villes et les Bourgs ; avec 43 planches,

PAR F. GAUDI.

Augmentée, tant dans le DISCOURS que dans les Planches, des
changemens qui ont perfectionné l'art de la guerre depuis les
premières éditions de cet ouvrage ;

PAR A. P. J. BELAIR.

A PARIS,

CHEZ ANSELIN et POCHARD (Successeurs de MAGIMEL),
Libraires pour l'Art militaire, rue Dauphine, n° 9.

1821.

AVANT-PROPOS

DE L'AUTEUR.

Il est nécessaire à un militaire, et surtout à un officier d'infanterie, de connoître à fond l'art de fortifier, non pas peut-être l'art des fortifications permanentes dans toute son étendue, mais l'art de la défensive en général (1), et principalement l'art d'employer convenablement tout ce qui peut contribuer à rendre les petits postes susceptibles d'une vigoureuse résistance.

On ne peut avoir toujours, et avec tous

---

(1) Si l'on consulte les nouveaux Elémens de Fortification, on pourra se convaincre, par la lecture des observations qui sont au commencement de cet ouvrage, que la connoissance des principes généraux de l'art de fortifier et de la défensive générale et particulière est essentiellement nécessaire, non-seulement aux militaires qui peuvent avoir à fortifier des postes, mais encore à ceux qui peuvent être employés à en attaquer ou même à en défendre.

les détachemens d'une armée, des ingénieurs. Il faut donc que, sans leur secours , un officier puisse faire construire toutes sortes de redoutes , de forts de campagne , de têtes de pont , et d'autres ouvrages de même nature.

Un militaire qui veut remplir d'une manière brillante les devoirs de son état dans toutes les nombreuses occasions que présente une guerre vive , longue et opiniâtre , doit connoître les moyens de mettre en état de défense un cimetière , une église , un château, une ville, un bourg : il doit encore savoir rendre ces postes si respectables que l'ennemi ne puisse tenter de l'en déloger sans être obligé de déployer des forces très-supérieures , des moyens très - dispendieux ou très-puissans, sans avoir à craindre de perdre beaucoup de monde, et sans être assuré cependant de la réussite. Il ne faut pas perdre de vue que l'art de la défensive ne consiste pas seulement à savoir élever un rempart ou un parapet, à savoir creuser des fossés ou former des abatis; il faut avoir le coup-d'œil militaire , il faut être exercé à savoir rapidement saisir les ressources que peut fournir le terrain.

Fort de ces avantages, le militaire observateur trouvera que souvent chaque ligne d'un ouvrage de campagne demande une direction relative, non-seulement aux pièces qui l'environnent, mais encore au local sur lequel cet ouvrage peut être établi, et aux sols environnans.

Il faut être en état de prévoir de quel côté un tel poste pourroit être attaqué plus facilement, il faut être en état de se prévaloir des différens obstacles qu'on peut opposer à l'ennemi avec succès : dès-lors il faut savoir faire de bons abatis, des digues à travers les ruisseaux pour former des inondations; il faut, en terrain convenable, savoir construire des défenses souterraines, si propres à augmenter les difficultés de l'attaque des postes fortifiés et des retranchemens.

C'est principalement pendant la paix qu'un officier qui veut faire du chemin dans son métier doit apprendre tout ce qu'on vient de dire, afin qu'il puisse en faire usage pendant la guerre ; sans cela, il se trouvera souvent dans une situation aussi critique que fâcheuse. Si, par exemple, on lui confioit la défense d'un poste avec l'ordre de s'y maintenir absolument, combien ne sera-t-il pas embarrassé s'il ignore comment ce poste doit être fortifié ! quelle foible résistance ne fera-t-il pas à l'ennemi s'il ne connoît pas les difficultés qu'il faut lui présenter ! Et s'il est forcé enfin comme un homme qui mérite de l'être, que dira-t-on de sa conduite ? N'y en aura-t-il pas qui l'accuseront d'avoir manqué à son devoir, et qui traiteront de très-mauvaise excuse l'aveu humiliant qu'il leur fera de son ignorance ? L'amour de la patrie, l'attachement pour ses armes, sa propre sûreté et celle du détachement qui lui est confié, la conservation de son honneur, plus précieux pour lui que la vie, et enfin cette vérité, constatée par des exemples sans nombre, que cent hommes, bien retranchés et postés selon les règles, valent mieux que mille qui se trouvent dans une mauvaise position ; tout cela, dis-je, prouve combien il est nécessaire à un officier de connoître à fond tout ce dont on a parlé ; et il doit d'autant moins se dispenser de s'y appliquer, qu'il peut y parvenir en fort peu de temps et avec peu de peine.

Cela fait, il faut encore qu'il tâche d'acquérir la connoissance des cartes géographiques et des plans dans lesquels on détaille la situation d'un pays, comme ses bois, ses hauteurs, ses défilés, ses rivières et ruisseaux, etc. Quoiqu'il n'ait pas besoin de savoir lever lui-même une telle situation et la dessiner, il faut pourtant qu'il comprenne parfaitement un plan, et qu'il en sache juger et le comparer avec le terrain (1) dont il est le

---

(1) Voici ce qu'on dit à la fin d'une note de la page 95 des nouveaux Elémens de Fortification :

« Les cartes les plus exactes ne peuvent que très-peu servir dans les études préliminaires, sans l'habitude de les confronter avec les terrains qu'elles figurent, et d'estimer jusqu'à quel point LES SIGNES TOPOGRAPHIQUES approchent de la vérité, pour rendre les traits de la nature brute, les additions de l'art, *les fabriques* des hommes, ou peindre enfin les apparences des sols changés par les travaux des nations. »

Nous croyons pouvoir renvoyer à la note suivante, qui se rapporte aux pages 96 et 97 des Elémens de Fortification, et même à tout le morceau intitulé : Essai sur la manière dont un ingénieur, *et même tout militaire*, doit envisager l'étude

tableau. Cette connoissance lui fournit des idées de la marche d'une armée, de tous ses mouvemens, de ses camps, de ses quartiers, enfin de toutes ses positions : elle l'amuse infiniment tant qu'il se trouve dans les grades subalternes, et il ne peut s'en passer lorsqu'il est parvenu au commandement (1). Qu'y a-t-il donc de plus naturel, s'il aime à bien servir et s'il connoît ses intérêts, que de s'y appliquer avec toute l'assiduité possible pour être en état de faire paroître son talent dans l'occasion ?

Tout dépend, dans les expéditions militaires, de la connoissance du terrain : et celui

---

de la géographie physique et de la topographie militaire, qui fait une partie intéressante de ces nouveaux Elémens de Fortification. Nous sommes autorisés à en parler favorablement, d'après ce qu'en a dit l'homme infiniment instruit qui a bien voulu rendre compte des nouveaux Elémens de Fortification, et des différentes parties qui composent cet ouvrage, dans le Mercure universel du lundi 2 janvier 1792.

(1) Ce que dit ici l'auteur est de la plus grande vérité ; cependant combien peu d'officiers, même d'officiers généraux, sont-ils instruits comme ils le devroient être dans la science du coup-d'œil et dans l'art de la reconnoissance des terrains ! art très important, et sur lequel on n'a cependant encore que très-peu écrit.

qui ne possède pas ce talent ne prend jamais
de justes mesures que par hasard ; mais
l'homme qui l'a acquis les trouve aisément
et sans peine. Quand un ignorant, qui ne sait
consulter que sa valeur, est dans un embarras terrible pour parer comme il faut le coup
dont il est menacé ; quand, faute de lumières,
il se voit réduit à demander le conseil de ceux
qui sont à ses ordres, et à le suivre aveuglé-
ment pour se tirer d'affaire ; l'officier habile,
dans les cas les plus épineux, dans les cas
désespérés même, trouve dans sa tête des
ressources, des moyens de faire changer les
choses en sa faveur ; il y trouve le vrai, le bon,
le salutaire parti.

C'est dans ces momens même qu'il re-
cueille les fruits de son application ; car en
prenant de bonnes mesures contre les des-
seins de l'ennemi, il les rend infructueux ; il
procure des avantages à son Souverain et
à la patrie ; il se donne de la réputation ;
il gagne l'estime et l'amitié de ses supérieurs, l'attachement et la confiance de
ceux qu'il commande, et le suffrage des
gens du métier ; récompenses qu'un homme

d'honneur préférera à toutes les autres.

Les moyens de se procurer les connoissances dont on vient de faire mention sont très-faciles ; ce qui sera prouvé dans ce petit ouvrage. D'abord l'auteur n'exige pas que tous ceux qui veulent parvenir à être ingénieurs de campagne commencent par l'étude des mathématiques. Bien des jeunes gens ont été rebutés par la crainte d'une application longue et pénible ; d'ailleurs cette science ne mène pas toujours au but, parce qu'elle est mal enseignée. Plusieurs aussi, après avoir perdu une partie considérable de leur vie à manier le compas et le graphomètre, n'ayant pas eu soin ou l'occasion de joindre une bonne pratique à une théorie bien dirigée, n'ont jamais su fortifier un poste comme il faut, ni, ce qui est plus essentiel, juger sainement d'un terrain et en tirer parti (1).

Sans problèmes embarrassans, sans calculs

----

(1) L'auteur paroît un peu trop ennemi des connoissances géométriques ainsi que de l'usage des instrumens.

Il existe, en un volume, un Cours de mathématiques,

fatigans, la pratique seule suffit à ceux qui veulent s'instruire dans l'art de mettre toutes sortes de petits postes en état de défense. Les préceptes sur lesquels cette pratique est fondée doivent être clairs et précis pour être aisément compris et retenus. L'auteur a donc tâché de ne pas s'écarter de ces deux principes. D'abord il n'a pas fait entrer la moindre théorie géométrique dans cet ouvrage, et puis il a renfermé le tout dans un médiocre volume.

Mais il n'a pas pu se dispenser d'y joindre beaucoup de planches, étant persuadé qu'elles expliquent mieux les choses que les plus amples descriptions : d'ailleurs ces planches seront très-utiles à ceux qui voudront apprendre à connoître un terrain ; car on a fait en sorte de représenter dans quelques-unes des parties d'une situation, et il y en a même qui en représentent des pièces entières avec toute leur variété.

---

fait pour les élèves de l'école militaire de Saint-Cyr ; les officiers peuvent le consulter avec fruit.

L'auteur espère, au reste, que ceux qui ont des connoissances de ce métier ne voudront pas être mécontens des fréquentes périphrases qui coupent les périodes de cet ouvrage; mais qu'ils conviendront plutôt que cela étoit nécessaire à ceux qui commencent à s'instruire.

INSTRUCTION

AUX

OFFICIERS D'INFANTERIE.

CHAPITRE PREMIER.

Des Ouvrages, et comment il faut les tracer.

1. Les ouvrages de campagne sont de différentes espèces. Il y a des flèches, des redoutes rondes ou à plusieurs faces, des redoutes étoilées (1), des têtes de pont, des retranchemens, derrière lesquels on fait camper des troupes, etc.

Il n'est pas nécessaire qu'un officier qui veut construire ces sortes d'ouvrages, les trace par des opérations de géométrie, ce qui demande

____

(1) Celles-ci sont d'un usage peu commun, et ne méritent pas beaucoup qu'on s'en occupe.

des calculs et des instrumens de mathématiques.
Il y a une méthode beaucoup plus facile, moins
compliquée, et où il entre plus de pratique;
il suffit d'un cordeau d'environ cinquante bras-
ses, au bout duquel on aura marqué une échelle
de vingt pieds, et dont le reste sera divisé en
toises de six pieds chacune. Il faut encore un
nombre de piquets pour marquer les angles,
et c'est tout ce qui est nécessaire pour tracer
des ouvrages de campagne.

2. Dans les ouvrages qui se flanquent, c'est-
à-dire où une ligne est protégée par le feu
d'une autre, la meilleure défense est celle où
il y a des angles droits (1); il faut donc savoir les faire avec beaucoup de justesse : le cordeau dont on vient de parler y suffit. On en
prend la longueur de douze pieds, en pro-
cédant ainsi, pl. I, fig. 1 : on suppose, par
exemple, une ligne AB, aux deux extrémités
de laquelle on voudroit faire des angles droits
en avant; on tend trois pieds du cordeau sur
cette ligne c d; on en met quatre au point
où l'angle doit être fait d e, et l'on joint enfin
les cinq pieds qui restent de douze, au point c,

---

(1) Voilà un officier prussien, homme de mérite, qui se
déclare partisan de la fortification perpendiculaire. Qu'en
diront en France les détracteurs de cette fortification ?

qui est le bout du cordeau; opération par laquelle on fait exactement un angle droit. On procède de la même façon lorsqu'il s'agit de le faire de l'autre côté de la ligne, ou pour mieux dire en arrière, pl. I, fig. 2.

Mais on n'a besoin d'une telle opération que dans les cas où l'on voudroit que les angles fussent précisément droits; autrement le coup-d'œil suffit; et avec un peu de pratique on saura les faire sans se servir du cordeau (1).

3. Dans tous les ouvrages de campagne, il est indifférent que les angles soient exactement droits, c'est-à-dire de 90 degrés, ou qu'ils soient plus ou moins ouverts; car la défense est toujours bonne lorsque les angles n'en sont ni trop aigus, pl. I, fig. 3, ni trop obtus, pl. I, fig. 4.

4. Il ne faut jamais donner moins que 60 degrés à un angle saillant, car il deviendroit trop aigu : le coup-d'œil suffit à la vérité pour parer à ce défaut; mais, quand on ne l'a pas, il faut mesurer l'angle en question, ce qu'on fait de la

---

(1) Il vaut mieux même, surtout dans les ouvrages de fortification de campagne, que les angles aient plus de 90 degrés, que d'en avoir moins. Au reste, l'auteur en convient ci-après.

façon suivante, pl. I, fig. 5. A l'extrémité de la ligne où il doit être fait, on en trace un qui est exactement droit ; on en marque le sommet par un piquet *a*, auquel on attache une corde ou de la ficelle de la longueur de cinq à six pieds : on lie au bout de cette ficelle un autre petit piquet, dont on se sert pour décrire d'une ligne à l'autre l'arc *b c*, qui contient les 90 degrés de l'angle droit : on divise cet arc en trois parties égales par le cordeau, et l'on marque chaque partie avec un piquet *d* ; alors il est aisé de faire un angle de 60 degrés, chacune des trois parties de l'arc *b c* en contenant 30, et deux parties ensemble 60.

Le moins qu'on puisse donner à un angle rentrant est 90 degrés ; si l'angle étoit moindre, les deux lignes, au lieu de se défendre mutuellement, se nuiroient par le feu : il ne faut pas aussi qu'un angle rentrant ait davantage que 120 degrés, afin que le feu des deux lignes se croise bien (1). Les angles saillans sont marqués

---

(1) C'est afin que les capitales soient mieux défendues. On peut aux feux croisés joindre une défense directe procurée par des feux parallèles aux capitales, en traçant les parapets en crémaillères. Nous avons donné, dans les Elémens de Fortification, des exemples aussi variés que nouveaux sur la manière de procurer une défense directe aux angles saillans :

dans la planche I, fig. 6, par *a*, *b*, *c*, *d*, et les angles rentrans par *e*, *f*, *g*.

5. Les soldats ne doivent être mis que sur deux de hauteur dans les ouvrages de campagne (1); la raison en est claire : s'ils étoient sur trois, comme à l'ordinaire, comment le troisième rang tireroit-il sans être embarrassé par le premier, qui borde le parapet de si près qu'il ne peut pas mettre genou à terre? Ainsi, pour fixer l'étendue d'un ouvrage, il faut préalablement savoir de combien d'hommes est le détachement qui doit le défendre; alors on peut facilement faire son calcul, en comptant pour chaque file à deux de hauteur un pas ordinaire, ou deux pieds; aussi fera-t-on bien, pour savoir tracer vite, de s'exercer à faire des pas de longueur, car on s'épargnera la peine de mesurer les lignes par le cordeau.

Lorsqu'on doit placer de l'artillerie dans un ouvrage, il faut compter six pas pour une pièce de régiment, et huit pour une de douze. C'est

---

nous en donnerons quelques exemples dans nos notes sur cet ouvrage.

(1) Je crois qu'il vaudroit mieux ne les mettre que sur un seul rang, et se ménager une réserve, dût-on faire l'ouvrage un peu plus grand; ce qui procure souvent des avantages dont on ne doit pas négliger de se prévaloir.

en suivant ces règles qu'on trouve l'étendue qu'il faut à un ouvrage. Chaque face d'une flèche *b, e*, à la défense de laquelle on a destiné quarante hommes, qui font vingt files, aura dix pas ; et, si on veut y placer deux pièces de canon, elle en aura seize. Chaque ligne d'une redoute carrée pour 200 hommes ou pour 100 files, aura 25 pas ; et, s'il y a du canon, on ajoutera pour chaque pièce, selon son calibre, autant de pas qu'on vient de le fixer.

Il est fort avantageux que la grandeur d'une redoute soit exactement proportionnée au nombre des hommes qui doivent l'occuper ; car, si elle est trop spacieuse, on n'est pas en état de la garnir et de la défendre assez, et l'ennemi s'en rendra maître avec peu de peine et de perte. Il n'est pas si dangereux de la faire trop petite, car ceux des soldats qui ne trouvent pas place peuvent servir de réserve et de soutien là où l'ennemi attaque le plus vivement : cependant le moins de circonférence intérieure qu'une redoute carrée puisse avoir est quatre-vingts pas ; car si elle étoit moins spacieuse, les soldats qui la défendent s'embarrasseroient l'un l'autre, et seroient trop exposés si l'ennemi y jetoit des grenades.

6. Lorsqu'un ouvrage est d'une telle étendue qu'il faut deux ou plusieurs bataillons pour le

défendre, il faut se ménager une réserve, à laquelle on destine ordinairement la sixième partie du détachement, en décomptant d'abord ce sixième de ceux qui doivent border le parapet. Que si, par exemple, on devoit élever une redoute pour 1,200 hommes, on ne la fera grande que pour mille, gardant deux cents pour la réserve, qu'on place au centre, lorsqu'il s'agit de défendre l'ouvrage, afin qu'elle soit à portée partout (1).

7. Voici la manière de tracer une flèche, par exemple, pour soixante hommes, ou trente files, et deux pièces de canon.

1. Le détachement étant arrivé à l'endroit où on lui a ordonné de marcher, on le partage en deux pelotons, et on les range en forme de flèche, de façon qu'ils fassent un angle droit, pl. II, fig. 1, *a*.

2. On tend le cordeau le long des soldats et tout près d'eux, et on trace une ligne *b*, ajoutant à chaque face six pas pour le canon.

---

(1) Un ouvrage capable de contenir 1,200 hommes ne seroit plus une redoute, ce seroit un fort assez important pour mériter qu'on envoyât des ingénieurs pour le tracer et pour en surveiller la construction.

Cette ligne marquera le côté intérieur du parapet, auquel on donnera six pieds d'épaisseur dans les flèches qu'on fait pour couvrir simplement les gardes d'infanterie placées à la tête du camp.

3. On trace l'épaisseur c du parapet parallèlement, c'est-à-dire partout à distance égale de la ligne b ; opération qui se fait, **comme la première**, au moyen du cordeau.

4. On tire à deux pieds de la ligne c une autre parallèle, pour marquer la berme d, qui est cette partie de l'horizon qu'on ne remue pas, parce qu'elle doit soutenir le parapet, qui, sans cela, s'écrouleroit.

5. On trace le fossé e large de six pieds, dont on prend la terre pour en faire le parapet.

6. On marque, au dedans de la flèche, et à quatre pieds de la ligne b, une autre ligne pour la banquette f, sur laquelle les soldats montent lorsqu'il s'agit de défendre l'ouvrage ; on donne huit à dix pieds de largeur à cette banquette là, où l'on place le canon.

La flèche construite, on répartit le détachement et l'artillerie de la manière suivante, pl. II, fig. 2.

a b. Quinze files ou trente hommes bordent la face droite.

d a. Quinze files ou trente hommes bordent la face gauche.

e. Une pièce de canon sur la face droite.

f. Une pièce de canon sur la face gauche.

8. Il y a une autre méthode de tracer une flèche. Supposé qu'il y eût également soixante hommes avec deux pièces de canon pour la défendre.

1. Le détachement ayant gagné la place qu'on lui a prescrite, on le range sur deux de hauteur dans une ligne exactement droite, pl. II, fig. 3, *a b*.

2. On le partage en deux pelotons, et l'on met au centre un bas-officier *c*, qui fait, en marchant devant lui, autant de pas qu'il y a de files dans chacun des pelotons : il place sa hallebarde ou un piquet à l'endroit où il s'est arrêté *d*; ce qui fera l'angle de la flèche.

3. On trace de ce point marqué une ligne à l'aile droite du détachement *d b*, et une autre à la gauche *d a*; ce qui marquera la ligne du parapet pour les deux faces. On procèdera,

quant aux autres lignes, comme il a été dit à l'article.

9. Pour tracer une redoute carrée, on fait ainsi : Supposé qu'on eût destiné deux cents hommes et deux pièces de canon à sa défense, il faut préalablement trouver le nombre des pas que doit avoir la ligne du parapet, et compter de cette façon :

> Deux cents hommes mis sur deux de hauteur font cent files pour lesquelles il faut. . . . . 100 pas.
> Pour le canon, à six pas par pièce. 12
> _________________
> Somme 112 pas.

qui, divisés en quatre, donnent le nombre de vingt-huit pas, ou la longueur de chaque ligne de cette redoute carrée, pl. III. Après ce calcul,

1. Tracez une ligne droite, longue de vingt-huit pas, *a b*.

2. Faites à chaque extrémité un angle droit *c* et *d*.

3. Prolongez les lignes qui marquent ces deux angles jusqu'à vingt-huit pas ; opération par la-

quelle on trouve trois faces de la redoute ; savoir, *a b, a e* et *b f ;* la quatrième *e f* se présente d'elle-même et ferme l'ouvrage (1).

L'entrée d'une redoute se fait dans la face la moins exposée à une attaque ; on lui donne cinq pas de largeur , afin que le canon puisse passer commodément : mais , quand on n'en a pas, il suffit de trois à quatre pas. On masque cette entrée en dedans par une traverse *g*, plus large à chaque côté de trois à quatre pas que l'entrée même, pour qu'une partie des gens qui bordent le parapet, ne puisse pas être prise de revers. Il faut encore que cette traverse soit à telle distance de l'entrée , que le passage n'en soit pas embarrassé. On la masque aussi en dehors par une flèche *h ;* ce qui se pratique communément lorsque les redoutes sont bien grandes ; dans ce cas , il faut faire en sorte que le fossé de la flèche soit défendu par le feu de la face devant laquelle elle est élevée.

10. Il faut que le parapet d'une redoute soit plus fort , et son fossé plus large et plus profond

---

(1) Quand nous développerons les propriétés de la redoute ronde, que nous avons perfectionnée, on demeurera convaincu des avantages immenses qu'elle a sur les redoutes carrées ou pentagonales , etc.

que ceux des petites flèches qu'on fait à la tête
du camp pour y établir les gardes ; sans cette
précaution , le canon ennemi ruinera l'ouvrage
en peu de temps. Il faut savoir , pour se mettre
en état de se garantir d'un pareil accident, qu'un
boulet de trois à six livres entre trois à quatre
pieds dans une terre nouvellement remuée , et
un boulet de douze , huit pieds. Cette expérience fixe l'épaisseur du parapet d'un ouvrage
de campagne; et le moins qu'on puisse lui donner , s'il doit résister au canon , est douze pieds ;
on le fait même de quatorze quand le poste est
bien important. Il faut deux pieds pour la berme
quand on travaille en terre grasse ou argileuse ,
et trois quand il y a du sable. On donne ordinairement autant de pieds de largeur au fossé
que le parapet en a d'épaisseur : lorsque le dernier est , par exemple , de douze pieds, le fossé
sera d'autant , etc. Il faut quatre , jusqu'à cinq
pas de largeur pour la banquette (1).

____

(1) Pour peu qu'on y réfléchisse, on concevra que si, comme
cela est très-possible , on pouvoit conduire en campagne des
pièces de 18 ou même de 24 , qui ne peseroient pas plus que
celles de 12 , et qui porteroient plus loin que les pièces ac-
tuellement en usage,..... il faudroit augmenter les proportions des parapets des ouvrages de fortification de campagne.
On peut voir au reste ce que nous disons à ce sujet dans
le dictionnaire qui fait partie des Nouveaux Elémens de Fortification.

Tout ce qu'on vient de dire est expliqué dans les pl. IV et V. Dans la première, le parapet de la redoute est de douze pieds, la berme de deux, le fossé de douze, et la banquette de quatre.

11. Cette proportion entre l'épaisseur du parapet et la largeur du fossé est assez juste, lorsqu'on veut faire le premier haut de six pieds et l'autre profond de six ; ce qui suffit pour les ouvrages de campagne. Lorsqu'on veut les faire plus forts, il faut trouver une autre proportion par le calcul ; ce qui étant beaucoup plus l'affaire d'un géomètre que d'un officier d'infanterie, celui-ci peut s'en tenir à la mesure qu'on vient de fixer.

12. Le fossé doit pour le moins être profond de six pieds ; mais quand un terrain pierreux ou l'eau vive ne permettent pas de creuser autant, il faut ajouter à la largeur, afin qu'on ait assez de terre pour le parapet. Celui de la traverse ou de la flèche qui couvre l'entrée d'une redoute n'a besoin que de huit pieds d'épaisseur, et son fossé de huit de largeur ; il vaut mieux même ne point donner de fossé à la traverse, mais l'élever de gazons, pour que le passage soit moins embarrassé.

13. Les lignes des redoutes carrées n'ayant

d'autre défense que leur propre feu, et n'étant pas protégées par celui des lignes contiguës, il y faut remédier en les plaçant de façon que le terrain leur fournisse des avantages, c'est-à-dire, en les construisant sur des hauteurs, ou en appuyant une ou deux de leurs faces à un ruisseau, à un marais, à un précipice, à un chemin creux, etc., ou en les couvrant par des abatis, par des chevaux de frise, par des trous de loup, par des fougasses, etc.

14. Le soin principal qu'il faut avoir en traçant une redoute est de bien examiner quel est son côté foible, c'est-à-dire, celui où l'ennemi pourroit s'approcher avec plus de facilité : il ne faut pas alors présenter à ce côté un angle, qui est la partie la plus foible dans tous les ouvrages (1), mais une face. Dans la pl. VI, par exemple, la face $a\,b$ masque le défilé c, que l'ennemi peut gagner par deux chemins d et e. Dans la planche VII, la face $f\,g$ enfile le ravin qui est à

---

(1) Cela n'est pas, quand on peut porter le long des capitales un feu direct : on le peut en traçant les parapets en crémaillères, comme nous l'avons déjà observé. On peut voir, dans nos Élémens de Fortification, ce que nous proposons sur ce sujet, non-seulement pour les fortifications permanentes, mais encore pour celles de campagne.

gauche *h*, et la face *g i* celui qui est à droite *l*. Il faut bien observer que les ouvrages construits pour empêcher le passage d'un défilé n'en soient éloignés qu'à la portée du fusil; autrement on aura travaillé en vain, et l'ennemi débouchera malgré les ouvrages.

15. Il n'est pas justement nécessaire de faire les redoutes exactement carrées, et il n'y a point de mal si, par exemple, on les fait en rhombe, pl. VIII, fig. 1, ou si une face en est plus longue que l'autre, pl. VIII, fig. 2; car c'est le terrain sur lequel on veut élever ces ouvrages, et celui qui est à l'entour, qui en prescrivent la figure. Que si, par exemple, on vouloit en établir sur une hauteur, il faudroit tracer les lignes de façon que toute la pente de la hauteur et le pied même, tout à l'entour de l'ouvrage, fussent exposés au feu de la mousqueterie de ceux qui le défendent, ou qu'au moins ils puissent tout découvrir à 500 pas de leur poste. Quand on peut se procurer cet avantage, il est très-indifférent que la redoute ait quatre ou plusieurs faces, comme dans la pl. IX; car il suffit de pouvoir bien défendre le terrain qui l'environne; et, dans ces occasions, toute précision scrupuleuse de régularité peut être négligée sans qu'on s'en trouve plus mal (1).

---

(1) Ce précepte est très-bon. Pour mieux remplir le but de

16. Un autre moyen d'empêcher que l'ennemi
ne débouche pas un défilé, est de lui présenter
un feu croisé ou double; ce qu'on peut faire de
deux façons : ou l'on construit une redoute,
pl. X, dont la face opposée au défilé est tenaillée,
c'est-à-dire faisant un angle rentrant *a*, de sorte
que tout le défilé *b* soit exposé au feu croisé de
deux lignes, et que l'ennemi ne puisse autrement
passer, et le village *c*, et le pont *d*, et la digue *e*, que sous le feu de la mousqueterie de
l'ouvrage.

L'autre façon est de masquer le défilé par deux
redoutes qui se protègent réciproquement,
pl. XI, et dont chacune défend le passage en
question par le feu d'une de ses faces *b* et *e*. On
peut faire plus, et joindre ces deux redoutes par
une ligne *d*, à chaque extrémité de laquelle on
laisse des passages larges de trente à quarante
pas, afin que si, par malheur, l'ennemi forçoit le
défilé, on puisse faire sortir du monde, tomber
sur la tête des troupes qui débouchent, et les
faire rétrograder, après quoi on regagne son

------

l'auteur, au lieu de couronner le plateau d'une élévation, il
faudroit souvent former le retranchement soit à l'origine de
la porte, un peu au-dessus du plateau, soit même à mi-pente,
suivant les circonstances et les positions.

poste. Pour favoriser ces sorties, il ne faut pas masquer ces passages par des traverses, comme dans les redoutes, mais simplement par des chevaux de frise qu'on ôte dans l'occasion (1).

Il y a des cas où l'on fait bien d'appuyer ces redoutes par des lignes à un terrain difficile, c'est quand on craint que l'ennemi ne les tourne et ne les attaque à dos. On a ajouté à celle de la gauche, par exemple, une ligne qui touche un marais f, dans lequel coule un ruisseau ; on a ajouté une autre ligne à la redoute de la droite, et on l'a poussée jusqu'au profond ravin g, dans lequel on a coupé les arbres. Il faut avoir soin que la longueur de ces lignes n'excède pas la portée ordinaire du fusil, qui est d'environ trois cents pas. Lorsque la distance de la redoute au point d'appui est plus grande, il faut briser les lignes pour leur donner un feu croisé, et par conséquent une meilleure défense. Dans les ouvrages destinés à disputer à l'ennemi le passage d'un défilé, il faut principalement observer de

---

(1) Des traverses vaudroient beaucoup mieux que ces chevaux de frise, qui peuvent être facilement brisés par l'artillerie ennemie. Pour que ces traverses ne nuisent point à la défensive active que l'auteur propose, on peut tailler en marches ou banquettes leurs revers, et prolonger en glacis vers l'ennemi la pente de leurs parapets, de manière qu'une colonne en puisse facilement parcourir toute l'étendue.

lui présenter un front plus grand qu'il n'en peut occuper pour faire l'attaque.

17. Il y a encore une espèce d'ouvrage qui défend fort bien le passage des défilés, surtout quand on n'a point de canon : on l'appelle redoute en crémaillère, parce que la ligne de son parapet est entaillée comme une crémaillère ou grosse scie. Son avantage consiste en ce qu'elle rend le passage du défilé plus difficile, lui opposant un plus grand nombre de coups de fusil que les redoutes ordinaires (1). Voici les règles pour la construction d'un tel ouvrage, pl. XII. Supposé qu'on eût destiné 240 hommes ou 120 files à sa défense :

1. On trace la ligne du parapet d'une redoute exactement carrée *a b c d*, qui présente un angle au défilé, et qui est à chaque face d'autant de pas qu'il y a de files pour la défendre.

2. On partage les faces du devant, c'est-à-dire,

---

(1) Cela arrive parce que la colonne de feu a pour base la diagonale de la redoute au lieu d'avoir un des côtés. On sait que la diagonale d'une redoute qui auroit douze toises de face, en auroit dix-sept de diagonale. Le nombre des lignes de feu est dans cette même proportion de douze à dix-sept.

a b et *a d*, en autant de parties de douze pieds chacune qu'il peut se faire, en commençant par la pointe *a*, et l'on marque ces divisions par des piquets *e*.

3. On trace des flèches sur chacune de ces parties de douze pieds, de façon que ces dernières en fassent la base, et que chaque face de ces petites flèches ait huit pieds et demi. Cette dernière opération se fait à l'aide du cordeau, sur lequel est marquée l'échelle: on en prend dix-sept pieds, dont on ajuste les deux extrémités à celles de chaque petite division, en plantant un piquet à la pointe de chaque flèche; ce qui est détaillé dans la planche.

4. On marque en dehors l'épaisseur du parapet, parallèle aux traces *a b* et *a d;* mais il faut lui donner pour le moins quinze pieds pour qu'il ne soit pas trop foible aux angles saillans des petites flèches. La berme sera, comme à l'ordinaire, de deux pieds; et un fossé large de douze et profond de six, fournira assez de terre pour le parapet. Il n'est pas nécessaire que la banquette soit parallèle à la crémaillère, mais à la première trace *a b* et *a d*, pl. XIII.

2 *

18. Il y a aussi une espèce de redoute qui n'est pas fermée à dos, et dont on se sert pour masquer les défilés qui sont devant un camp, mais à telle distance qu'on ne peut pas les défendre par le feu de la mousqueterie. On construit aussi de ces ouvrages pour pouvoir soutenir les postes avancés placés au-delà des défilés, les protéger quand ils se retirent, et empêcher l'ennemi de les poursuivre. On les place également sur les éminences qui se trouvent quelquefois sous le canon du camp, afin que l'ennemi ne puisse en prendre possession. On fait soutenir le détachement qui défend une telle redoute; et quand, par malheur, il est forcé, l'ennemi n'a rien gagné, étant exposé au canon du camp, parce que l'ouvrage n'est pas fermé à dos : cependant, pour défendre le monde qui y est contre une surprise nocturne, on masque le côté ouvert de l'ouvrage par une rangée de chevaux de frise, qu'on joint l'un à l'autre avec des crampons ou avec des chaînes, et par des trous de loup lorsque le bois ou le temps manque. Il n'y a point de règles pour la figure de ces redoutes, le terrain en décide; leur étendue doit toujours être fixée par le nombre des soldats destinés à les défendre, pl. XIV, fig. 1, 2, 3 et 4.

19. Pour faire un ouvrage étoilé on procèdera de la manière suivante :

1. On trace d'abord la ligne du parapet d'une redoute exactement carrée.

2. On en divise chaque face en deux parties égales.

3. On marque ces divisions par des piquets.

4. On tire d'un piquet au piquet opposé un cordeau, qui passera par le centre.

5. On prend sur ce cordeau, depuis chaque face de la redoute carrée vers le centre , précisément un huitième de la longueur d'une face.

La pl. XV expliquera ce qu'on vient de dire. On suppose qu'on ait destiné 256 hommes ou 128 files pour défendre cet ouvrage étoilé; ce qui fait 32 files et par conséquent 32 pas pour chaque ligne de la redoute *e f g h ;* la huitième partie d'une face fait quatre pas, qu'on marque perpendiculairement sur le milieu de chacune et vers le centre de la redoute : on distingue ces huitièmes par des piquets *a , b , c , d ,* et on trace de ces derniers des lignes droites aux angles *e , f , g*, *h* ; ce qui donne la ligne du parapet de la redoute étoilée. Quant à l'épaisseur du parapet, la largeur de la berme, du fossé et de la banquette, on leur laisse la mesure fixée plus haut, les traçant parallèles avec l'étoile.

Par ces sortes d'ouvrages on se procure un feu croisé, et par conséquent l'avantage qu'une ligne défend l'autre. L'entrée sera également faite au côté le moins exposé, et toujours dans un angle rentrant *i*. Quand on la masque par une traverse, il faut la briser *l*, comme l'est la face qui est devant elle (1).

On a compté dans cet exemple trente-deux files pour la défense de chaque face de la redoute carrée, par le tracé de laquelle on a commencé; mais en ayant fait après une étoile, et la ligne intérieure du parapet ayant eu par là plus d'étendue, on pourroit croire que le détachement des-

-----

(1) Quand on fait un fossé aux traverses dont on masque les entrées d'un retranchement, on peut disposer au fond de ce fossé, vers sa contrescarpe, une banquette ou deux, et élever d'un ou deux pieds le bord de ce fossé. Par ce moyen, on se procure deux étages de feux, celui du parapet de la traverse et celui de son fossé. M. de Clairac, dans son Ingénieur de campagne, a proposé la même mesure pour les épaulemens destinés à abriter, dans les lignes, la cavalerie.

tiné à la défense de cet ouvrage ne seroit pas assez fort pour border tout le parapet : cependant ce changement de figure fait si peu de chose dans cette occasion, qu'en ouvrant les files un peu plus qu'à l'ordinaire, on peut y remédier parfaitement.

20. Il y a une autre sorte de redoute étoilée qu'on fait ainsi, pl. XVI, fig. 1. On trace la ligne du parapet d'une redoute carrée *a b c d;* on divise chaque face en trois parties égales, et on fait sur celle du milieu un triangle équilatéral *e f g*, ce qui donne un octogone; mais, comme par ces triangles la ligne du parapet devient plus longue d'un quart qu'elle n'étoit lorsqu'on en faisoit la première trace, savoir celle du carré *a b c d*, il faut qu'avant qu'on commence à marquer cette ligne, on décompte un quart des troupes qui doivent occuper l'ouvrage, et qu'on ne prenne que les trois autres pour en fixer l'étendue. Il y auroit, par exemple, 160 files destinées à défendre une telle redoute étoilée : il faut donc que lorsqu'on veut tracer le carré *a b c d*, dont elle doit être faite, on ne prenne, pour la ligne du parapet, que 120 files ou 120 pas, c'est-à-dire, trente pas pour chaque face, ce qui, à la vérité, n'est suffisant au commencement que pour trois quarts des troupes; mais le quart qui reste, savoir qua-

rante files, sera placé dans les triangles qu'on fait sur les quatre faces, dont le parapet gagne justement un quart par ces triangles. L'entrée de ces ouvrages doit être faite dans un des angles rentrans.

21. Une autre manière de faire une redoute étoilée est celle-ci, pl. XVI, fig. 2. On commence par tracer un triangle dont les faces sont égales A B C; on en divise chaque ligne en trois parties, et on fait après la même opération comme dans l'exemple précédent; c'est-à-dire, qu'on met sur chaque partie du milieu un triangle équilatéral $d\,e\,f$; ce qui donne un hexagone. Quant à l'étendue de l'ouvrage, on décompte également un quart des troupes avant de tracer le triangle A B C; et ce quart trouvera place après qu'on aura fait l'étoile.

22. On peut diversifier à l'infini la figure des redoutes étoilées; mais quelle que soit celle qu'on leur donne, elles seront toujours très-peu utiles et fort peu employées (1); car, s'il est vrai que dans les ouvrages de campagne il faut briser les lignes

---

(1) L'auteur auroit donc pu se dispenser d'en proposer la construction, surtout d'après d'aussi petites dimensions que celles dont il est fait mention.

pour se procurer un feu croisé, il n'est pas moins sûr que les étoiles régulières sont moins respectables que les ouvrages dont aucune ligne ni aucun angle n'est égal à l'autre, mais dont on peut découvrir tout le terrain d'alentour, au point de pouvoir le défendre partout par un feu croisé de mousqueterie : une redoute ayant ces avantages, on peut aussi y faire une bonne résistance. Dans la pl. XVII, par exemple, on a construit un ouvrage d'une grande étendue sur une montagne, dont on a suivi le contour pour l'emplacement des lignes, à quoi il faut absolument faire attention dans les cas pareils. Il faut que la vue soit libre, et que du poste retranché on puisse découvrir les approches, en sorte que l'ennemi ne trouve jamais l'occasion d'avancer sans beaucoup de perte; il faut même brûler les maisons et couper les bois et les broussailles par lesquels il pourroit masquer son attaque. Là où la pente de la montagne est douce, ce qu'on distingue dans un dessin de situation par des traits longs *a*, les lignes de cet ouvrage se défendent réciproquement, ce qui rend l'attaque plus difficile; mais à ces parties de la hauteur qu'on ne peut gravir qu'avec beaucoup de peine, ou parce qu'il y a un défilé en bas, ou parce que la pente en est bien roide et escarpée, ce qu'on distingue par des traits courts et foncés *b*, la nature a déjà beaucoup fait, et il n'est pas question alors d'un feu croisé; mais il suffit de faire des lignes droites pour se mettre à couvert du canon de l'ennemi, auquel les soldats qui bordent le parapet de cet ouvrage seroient exposés, s'il en plaçoit au-delà du ruisseau c, sur la hauteur d. On n'a pas même besoin, en élevant une telle ligne droite, de lui donner un fossé; mais il suffit de prendre la terre pour son parapet du dedans de l'ouvrage, et de s'enfoncer comme dans une tranchée.

Pour rendre ce poste plus fort, il faudroit abattre le petit bois e, qui est à la gauche, afin qu'il ne masque pas l'approche de l'ennemi; il faudroit encore couper la digue f, qui sépare deux étangs, et fermer les écluses sur l'autre g, jusqu'à ce que les prairies h, qui bordent ces étangs, soient inondées. C'est ainsi qu'on peut tirer parti du terrain, et rendre un poste plus respectable.

23. On fait des têtes de pont pour différentes raisons: ou l'on veut couvrir un pont de communication, ou mettre des troupes dans un tel ouvrage pour assurer la manœuvre de tout un corps, qui doit forcer le passage d'une rivière ou faire sa retraite en la repassant. La première chose alors est d'examiner si l'ennemi peut s'approcher d'un ou des deux côtés de la rivière, et ruiner le pont. Dans le premier cas, on construit

l'ouvrage du côté où il y a du risque : dans l'autre, on en fait sur les deux rivages, et il faut même alors que les retranchemens qui couvrent le pont se flanquent.

On en fait de différentes figures : s'il ne s'agit que de protéger un pont de communication, et qu'on n'ait pas beaucoup à craindre de la part de l'ennemi, on ne se sert que d'une flèche ordinaire, pl. XVIII, fig. 1 ; mais les deux faces doivent toucher la rivière *a* et *b*, et l'entrée être faite dans l'une des deux *c :* aussi peut-on construire dans ce cas une flèche sur chaque rivage, pl. XVIII, fig. 2.

24. Lorsqu'un corps doit forcer le passage d'une rivière, les troupes destinées à l'avant-garde passent ordinairement avec des bateaux, et sont soutenues par le feu de l'artillerie : ayant gagné l'autre bord, elles doivent se couvrir par un ouvrage, qu'elles construiront aussi vite qu'il sera possible, pl. XIX, afin qu'on puisse établir le pont avec sûreté, et que le corps puisse le passer. Ce travail sera protégé par une partie de cette infanterie, à qui on a fait faire le trajet, et qui se couvrira par des sacs à laine qu'elle aura pris avec elle.

25. Si l'on vouloit construire une tête de pont pour faciliter la retraite d'un corps, il

faudroit lui donner plus d'étendue, et en élever les lignes de façon qu'elles se défendent l'une l'autre : on établit alors des batteries au-delà de la rivière, qui protégent d'abord la manœuvre des troupes quand elles se retirent par le pont, et après, l'ouvrage qui le couvre, afin que l'ennemi ne puisse pas entamer avec succès le détachement qui l'occupe au moment qu'il quitte son poste pour suivre les autres, et pour qu'enfin on puisse ou rompre ou brûler le pont. Il faut tâcher de l'établir là où la rivière fait un rentrant vers l'ennemi, pour que les flancs des troupes qui font la retraite, tout comme les flancs de la tête du pont même, soient couverts par la courbe que fait la rivière, pl. XX et XXI.

26. Pour plus de sûreté, on peut élever des lignes sur le rivage opposé, pl. XXII, derrière lesquelles on place de l'infanterie, qui protége, par son feu, les flancs de la tête du pont, la retraite du détachement qui l'a défendu, et les travailleurs qui rompent le pont ; cependant on n'a besoin de ces lignes que lorsqu'on est sûr que l'ennemi suivra les troupes dans leur retraite. S'il est probable qu'il s'avance en force des deux côtés de la rivière, il faut, pour bien couvrir le pont, se retrancher sur l'un et l'autre rivage, et faire en sorte que les ouvrages se défendent mutuellement, pl. XXIII.

27. Pour tracer facilement toutes ces figures sur le terrain,

1. Marquez la base *a b*.
2. Coupez-la en deux également.
3. Par le point du milieu, élevez une perpendiculaire *c*, de la longueur prescrite dans chaque planche.
4. Mesurez par l'échelle jointe à chaque planche, les lignes ponctuées qu'on y trouve, et marquez-les sur le terrain; elles indiqueront chaque angle, et par conséquent toute la figure.

On fait toutes ces opérations avec le cordeau et son échelle (§. 1 et 2).

28. Quelquefois l'ennemi est si fort à craindre, qu'il est nécessaire d'employer cinq ou six bataillons pour couvrir la retraite que doit faire une armée au-delà d'une rivière. Dans ces cas critiques, il faut faire un ouvrage proportionné au nombre des troupes qui doivent l'occuper, et avoir soin, comme dans la construction de toutes les têtes de pont dont on vient de parler, que les flancs en soient bien appuyés. Dans les grands ouvrages de cette espèce, on peut faire ces flancs en crémaillère, pl. XXIV, ce qui procure un feu croisé partout; mais s'il n'est pas nécessaire que

les angles soient droits comme dans les redoutes à crémaillères, il vaut mieux, dans cette occasion, qu'ils soient un peu obtus, pour que le feu croisé devienne plus oblique; il s'agit seulement de briser les flancs, qui, sans cela, seroient trop longs et mal défendus : aussi établit-on une petite tête de pont au milieu de la grande, et on y met deux, trois, jusqu'à quatre compagnies, pour mieux couvrir la retraite des troupes qui ont défendu le grand ouvrage, et qui le quittent pour passer le pont après l'armée. Le parapet de la petite tête de pont sera plus haut de trois pieds que celui de la grande, afin que cette dernière en soit dominée.

29. Lorsqu'on abandonnera entièrement un tel ouvrage, l'ennemi fera tous ses efforts pour empêcher qu'on rompe les ponts et qu'on mette les pontons sur les haquets ; il faudra donc y laisser un petit détachement, qui fera l'arrière-garde du tout, et qui, pendant qu'on levera le pont, empêchera l'ennemi de s'approcher; mais il faut aussi qu'on ait pourvu préalablement aux moyens de la retraite de ces troupes. Pour cet effet, on aura préparé un couple de radeaux, qu'elles gagneront en quittant l'ouvrage, et sur lesquels elles passeront la rivière. Ces machines seront faites ainsi :

1. On joint ensemble autant de radeaux de bois de sapin, qu'une compagnie rangée en front y ait place.

2. On les charge d'une rangée de poutres pour qu'ils puissent porter un plus grand poids; on joint encore ces derniers par des solives, qu'on y attache avec de grosses chevilles de bois.

3. On fait autour de cette machine un bord de planches de six pouces de largeur, dont on goudronne les fentes pour que l'eau n'y passe pas.

4. On met sur ces radeaux, du côté de l'ennemi, des sacs à laine, qu'on étaie par des piquets cloués au bord (1).

C'est derrière cette espèce de parapet que l'arrière-garde susdite se place pour faire sa retraite, en tirant toujours sur l'ennemi; et on lui fait gagner le rivage opposé, ou par des cordes attachées au radeau, ou au moyen de rames; ce qui se fait sous la protection du feu de l'artillerie et de l'infanterie, qui est placée au - delà de la rivière. On peut aussi la faire passer à ces

----

(1) Quoique l'auteur ne les cite pas, on voit qu'il a lu avec fruit tous les auteurs français, particulièrement le Commentaire sur Polybe, du chevalier Folard; l'Ingénieur de campagne, de Clairac, etc.

troupes avec de grands bacs; mais elles y seront plus exposées au feu de l'ennemi que sur les radeaux dont on vient de faire la description : on minera même la tête du pont, et on la fera sauter en l'air au moment que la queue des troupes la quitte, pour qu'elles soient moins harcelées dans leur retraite.

30. Dans la construction d'un retranchement, on observe les règles qu'on a données pour celle des autres ouvrages touchant l'épaisseur du parapet et la largeur du fossé ; mais il est impossible d'en prescrire la figure, parce que le terrain seul en décide, et que par conséquent des retranchemens réguliers seroient assurément bien défectueux. Le terrain est différent à chaque moment; il faut donc que ce soit lui uniquement qui fixe les lignes et les angles dans ces occasions. Il y a pourtant des règles générales qu'on peut à peu près réduire à celles-ci ; il faut :

1. Que les angles ne soient ni trop aigus ni trop obtus, relativement aux ouvrages qui sont à côté, afin que

2. Chaque ligne soit protégée par une autre, et cela à la portée du fusil ;

3. Que dans les parties où il y a des hauteurs, on construise les lignes de façon que la

pente et le pied même des hauteurs soient découverts , et que si

4. Cela n'est pas praticable, ou par la roideur de la pente , ou parce qu'elle est couverte de petites éminences , on tâche , autant qu'il est possible, de prendre en flanc l'endroit caché par le feu d'une autre ligne. Il faut encore

5. Que les ailes du retranchement soient bien appuyées pour que l'ennemi ne puisse pas les tourner ;

6. Que vis-à-vis des endroits où une attaque paroît être praticable , on redouble d'attention , qu'on y prépare à l'ennemi toutes sortes d'obstacles ; ce qui se fait , par exemple , par des chevaux de frise , des palissades , des trous de loup , des abatis , des fougasses , etc. (1) ;

7. Que , lorsque le terrain est coupé par des hauteurs et par des vallons , on fasse des angles saillans sur les premières , et qu'on y place l'artillerie , et qu'au contraire on

---

(1) Les Prussiens paroissent (et ils ont raison) faire beaucoup de fonds sur les moyens que peut procurer la guerre souterraine pour la défense des ouvrages de fortification passagère. Mais on ne voit pas qu'ils aient perfectionné en rien la partie de cette guerre qu'on peut utilement employer en ce genre ; il y avoit cependant peu de chose à faire.

3

fasse les angles rentrans dans les gorges, dans les petits vallons, enfin, là où deux hauteurs forment un fond étroit ;

8. Qu'on ne manque pas de construire des redoutes, fermées de distance en distance, afin que si l'ennemi venoit à forcer l'une ou l'autre partie du retranchement, il ne puisse pas résister au feu qui le prendra en flanc, et que par conséquent il soit obligé de quitter l'avantage qu'il venoit de remporter ;

9. Qu'on choisisse le terrain de façon qu'aucune partie du retranchement ne soit commandée par des hauteurs qui se trouvent au front ou aux flancs ; sans cela les troupes ne pourront pas faire le moindre mouvement en sûreté, et seront foudroyées par le canon ennemi ;

10. Qu'on n'oublie pas de laisser en plusieurs endroits des ouvertures de trente à quarante pas, pour qu'on puisse commodément marcher en avant ; qu'on fasse ces ouvertures dans les angles rentrans, et jamais dans les angles saillans, et qu'on les masque ou par des flèches, ou par des traverses, ou qu'on les ferme par des chevaux de frise (1) ;

---

(1) Dans cet article 10, l'auteur propose des ouvertures de

11. Qu'il y ait à dos du retranchement des chemins bons et praticables, et qu'on les fasse réparer avec soin, s'ils ne le sont pas, afin que la retraite se puisse faire, lorsque le cas l'exige, en bon ordre et sans embarras.

3o ou 4o pas... Elles auroient souvent, étant aussi larges, de grands et de terribles inconvéniens. D'abord, si la troupe qui est sur la défensive est fort inférieure, comme le suppose sa position retranchée, d'aussi grands intervalles seroient fort dangereux; ils donneroient occasion à de fréquentes surprises et à de grandes inquiétudes.

Ces ouvertures, par leur excessive largeur, permettroient aux batteries des assaillans de prendre des écharpemens dans l'intérieur des retranchemens, et de causer beaucoup de désordre parmi les troupes chargées de leur défense.

On dira que l'ordre mince et déployé a besoin, pour se porter en force promptement et se développer avec rapidité, de grands intervalles. Cela prouve donc que, dans ce cas encore, l'ordre déployé a de grands desavantages, que n'a pas l'ordre plésionnaire, qui peut déboucher facilement par des ouvertures de dix à douze pas.

C'est à quoi je voudrois qu'elles fussent fixées. Je voudrois encore qu'elles fussent masquées par des traverses, comme celles que j'ai déjà indiquées.

On doit concevoir que des traverses destinées à masquer des sorties ménagées pour faciliter les agressions des troupes attaquées, ne doivent pas avoir de fossé, ou du moins elles ne peuvent en avoir que dans bien peu d'occasions, à moins qu'on n'opère sur de grands espaces.

3 *

Dans la pl. XXV, tout ce qu'on vient de dire est expliqué de la manière suivante : Le flanc droit de ce camp retranché est couvert par un vallon bien profond et marécageux *a*, dans lequel coule un ruisseau bourbeux qui est impassable. L'aile droite est assise sur une montagne, sur laquelle on a établi une redoute *b*, dont les lignes suivent le contour de ladite montagne. On voit devant la dernière un petit bois *c*, qui est coupé, pour qu'il ne borne pas la vue de ceux qui sont dans la redoute. Au pied de la montagne il y a le village de Weilheim, devant lequel on a construit deux flèches, jointes par une ligne *d* ; il y a des ponts de communication sur le ruisseau *e*, pour qu'on puisse soutenir du camp la redoute qui est sur la montagne. On voit devant Weilheim une hauteur avec une pente douce *f*, et à son pied le village de Mansfeld, qui est entouré de défilés et de chemins creux *g*. On a fait de cette hauteur un poste avancé, fortifié par une redoute, dans laquelle il y a quatre cents hommes avec quelques pièces de canon, et qui n'est fermée à dos que par des chevaux de frise, afin que si, par malheur, l'ennemi se rendoit maître de ce poste, on puisse tout de suite le contraindre de l'abandonner par le canon du retranchement. Cette hauteur n'est occupée que pour empêcher l'ennemi de s'y établir pendant une nuit, d'y faire des batteries et de tirer sur le camp. Le retranchement est construit sur les hauteurs qui sont entre Weilheim et Stemmern ; ces lignes *h* en suivent le contour, et sont élevées de façon qu'elles se défendent réciproquement par leur feu ; aussi y a-t-il des ouvrages fermés *i*. L'entrée du village de Stemmern est masquée par une redoute *l*, ouverte à dos et protégée par les lignes établies sur les hauteurs qui bordent le village. Le petit bois qui se trouve devant ce village *m* est également coupé pour qu'on ait la vue plus libre. Depuis Stemmern le retranchement continue jusqu'à de hautes montagnes couvertes d'un bois épais *n*, qui assure d'autant mieux le flanc gauche, qu'il est presque impossible d'y passer : pour plus de précaution, on a fait un grand abatis *o*, à travers ce bois, défendu de distance à autre par des piquets d'infanterie *p*. La trouée qui se trouve derrière la gauche du camp est masquée par une redoute *q*, construite sur une petite hauteur : on a fait une ligne de communication *r*, depuis cette dernière redoute jusqu'à la gauche du retranchement, dans lequel il y a plusieurs passages *s*, larges de trente pas, et fermés par des chevaux de frise, afin que si l'ennemi étoit repoussé lors d'une attaque, on puisse envoyer vite la cavaleric à sa poursuite (1). Les troupes campent derrière le retranchement, l'infanterie en première et la cavalerie en seconde ligne *t*. Le village de Weilheim est occupé par deux bataillons, et celui de Stemmern par un bataillon : on voit enfin derrière le camp quatre chemins *u x y z*, par lesquels le corps peut faire facilement sa retraite lorsqu'il en est question.

Il est vrai que le soin de fortifier ces sortes de postes est ordinairement confié aux ingéniers : cependant un officier d'infanterie qui veut se procurer des connoissances du terrain, doit nécessairement apprendre comment il faut en tirer parti dans ces occasions (2).

---

(1) On pourroit croire les grandes ouvertures, que nous venons de proscrire dans la remarque précédente, utiles pour favoriser les sorties de la cavalerie ; mais comme la cavalerie, par l'excessive célérité de ses manœuvres, peut déboucher bien plus promptement que l'infanterie, je persiste à croire que les ouvertures ne doivent pas excéder dix ou douze pas. Les ouvertures destinées pour la cavalerie ne peuvent être masquées que de quelque distance, la cavalerie ne pouvant comme l'infanterie en plésions, passer par-dessus les traverses.

(2) Il est donc très-utile que les officiers, surtout ceux qui servent dans l'infanterie, connoissent à fond l'art défensif dans toutes ses parties, qui a pour objet les fortifications provisionnelles et passagères.

CHAPITRE II.

Des Matériaux dont on a besoin.

1. La longueur d'une fascine ordinaire, dont on se sert pour les ouvrages de campagne, sera de dix pieds, et son diamètre ou épaisseur, d'un pied. Pour en faire, on enfonce six piquets obliquement en terre, de façon que deux ensemble forment une croix : on lie chacune de ces dernières avec de petites branches de saule ou de bouleau; c'est sur ces espèces de chevalets qu'on fait les fascines, qui sont proprement de longs fagots, garottés d'un pied à l'autre avec des verges. Il faut six hommes pour chaque machine; savoir, deux pour couper les branches, deux pour les rassembler, et deux encore pour garotter les fascines. Six hommes peuvent faire douze fascines dans une heure; le menu branchange de saules ou de bouleaux es t le meilleur pour cet ouvrage. On cloue les fascines contre le parapet, qui sans cela s'écrouleroit : il en faut de huit pieds de longueur pour une redoute en crémaillère.

2. Il faut pour chaque fascine cinq piquets

longs de trois à quatre pieds, forts d'un pouce et demi, et pointus à un bout : on s'en sert pour attacher les fascines au parapet.

3. Quand il n'y a point de bois pour faire des fascines, on revêt le parapet avec des gazons de quatre pouces d'épaisseur et d'un pied en carré : on les attache au moyen de quatre petits piquets longs de huit pouces.

4. Les fraises doivent être longues de huit pieds, fortes de cinq pouces, et aiguisées à un bout. Les poutres sur lesquelles on les place seront longues de douze pieds et fortes de six pouces. On met ces poutres le long du parapet sur l'horizon, et on y attache les fraises avec des clous de sept pouces ; après cela on couvre les poutres de terre. Deux hommes sont en état de faire douze fraises dans une heure.

5. Les palissades dont on fortifie le fossé d'un ouvrage, seront longues de neuf à dix pieds, et fortes de six pouces : il faut également les aiguiser à un bout. Si on n'en trouve pas assez de cette épaisseur, on en prend parmi celles qui en ont moins ; mais il faut observer qu'en les plaçant, on mêle les fortes avec les foibles.

6. Les piquets qu'on met dans les trous de

loup seront longs de six pieds, forts de quatre à cinq pouces, et aiguisés.

7. Les poutres des chevaux de frise seront de douze pieds, et fortes de six pouces en carré. Les rayons qui passent à travers seront longs de sept pieds, forts de quatre pouces, et placés à six pouces de distance les uns des autres. On se sert de ces chevaux de frise pour fermer l'entrée des rédoutes, les portes et d'autres passages; aussi les place-t-on devant le fossé et dans le fossé même (1).

8. On fait des gabions de différentes grandeurs: ceux dont on se sert pour les ouvrages de campagne seront hauts de trois à quatre pieds, et d'un diamètre de deux à trois pieds. Il faut, pour en faire, planter des piquets longs de trois à quatre pieds, et cela en forme de cercle qui ait deux à trois pieds de diamètre : on envergera ces piquets par de petites branches, de la même façon qu'on fait les claies. On a principalement besoin de ces gabions pour faire les embrasures,

---

(1) Les machines appelées *lyonnaises*, proposées par Bonneville, vaudroient mieux que tous les chevaux de frise. Voyez ce que nous en disons dans le Supplément au Dictionnaire qui fait partie des Nouveaux Élémens de Fortification.

dans lesquelles on les place l'un à côté de l'autre, les remplissant après de terre. On fait aussi des gabions d'un pied, qui ont en haut douze, et en bas onze pouces de diamètre; on borde avec ces derniers la crête du parapet, afin que les soldats en soient encore plus couverts, et qu'ils puissent tirer à travers. Il faut pour tout ce travail un bon nombre de grands marteaux de bois, de battes, de cognées et de serpes.

CHAPITRE III.

Comment il faut trouver par le calcul combien on a besoin de Matériaux de chaque espèce.

1. La longueur des lignes d'un ouvrage étant fixée par le nombre d'hommes destinés à le défendre, il faut d'abord calculer combien de matériaux il faut pour le construire. Pour cet effet, il est à propos de remarquer qu'il faut,

1. Pour fasciner le parapet en dedans, pour une distance de cinq pas...................... 6 fascines.

2. Pour fasciner le parapet en dehors, pour cinq pas......... 4

3. Pour la banquette, pour cinq
pas. . . . . 2 fascines.

4. Pour chaque embrasure. 6

2. C'est au moyen de cette table qu'on trouve combien il faut de fascines. Supposé qu'on voulût construire une redoute pour deux cent quarante hommes, ou cent vingt files, pour lesquelles il faut une étendue de cent vingt pas, on calcule ainsi :

1. Pour fasciner en dedans un
parapet de cent vingt pas, il
faut, en comptant six fascines pour chaque distance de
cinq pas. . . . . 144 fascines.

2. Pour le fasciner en dehors,
où on n'a besoin que de quatre
fascines pour cinq pas, il en
faut compter à peu près au-
tant, savoir. 144

3. Pour la banquette, un quart
du nombre dont on a besoin
pour fasciner le parapet en
dedans. 36

4. En réserve à la place des fas-
                                    ____
                                    324 fascines.

D'autre part. . . .   324 fascines.

cines qui se rompent, environ   30

Somme   354 fascines.

Pour chaque fascine. . . . .   5 piquets.

Somme. 1770 piquets.

3. On trouve le nombre des palissades dont on a besoin, de cette façon : on a dit plus haut qu'elles doivent être fortes de six pouces. On les place à trois pouces l'une de l'autre, de sorte que chaque palissade occupe neuf pouces. On compte donc le nombre de pas que contient le fossé dans son milieu tout à l'entour de l'ouvrage, et l'on donne huit palissades pour chaque distance de trois pas, qui, en les prenant de deux pieds chacun, comme il faut les prendre dans cette occasion, font six pieds ou soixante-douze pouces, distance qu'occupent huit palissades. Que si, par exemple, le tour d'un fossé étoit de cent cinquante pas, il faudroit quatre cents palissades, en comptant huit pour trois pas.

4. Le calcul des fraises se fait sur les mêmes principes : chacune occupe huit pouces, c'est-à-dire cinq pour la fraise même, et trois pour la distance de l'une à l'autre ; il faut donc trois fraises pour un pas de deux pieds ou de vingt-quatre pouces. Comme on les place de façon qu'elles

couvrent et débordent la berme, il faut compter
de combien de pas est la trace qui dénote l'épaisseur du parapet, et on fait exprès le calcul. Supposé que cette ligne fût de cent soixante - cinq
pas, on auroit besoin de quatre cent quatre-
vingt-quinze fraises, et d'autant de clous de sept
pouces pour les attacher. Les poutres sur lesquelles on cloue les fraises sont de douze pieds,
comme on l'a dit plus haut; il faut donc une
poutre pour dix-huit fraises, ou pour compter
plus facilement, il faut une poutre pour chaque
distance de six pas.

CHAPITRE IV.

De la Construction des Ouvrages.

Quand on a tracé toutes les lignes d'un ouvrage, c'est-à-dire celles du parapet, de la berme,
du fossé et de la banquette, on commence à faire
travailler, et il faut alors observer les règles
suivantes :

1. On place un rang de travailleurs le long de
la ligne tracée pour la berme, faisant front à
l'ouvrage, à un pas l'un de l'autre, pl. XXVI,
fig. 1, a. Ils prennent la terre du terrain des-

tiné au fossé, et la jettent jusqu'à la trace du parapet. Pour cet effet, il faut d'abord coucher une rangée de fascines le long de cette trace *b*, et les attacher avec des piquets, pour que les marques de cette ligne ne soient comblées par la terre que les travailleurs jetteroient par hasard trop loin. Un autre rang de ces travailleurs doit être placé derrière les premiers, et le long de la trace qui marque le fossé, mais à double distance *c*; ils fournissent de la terre aux travailleurs du premier rang, qui la jettent en avant avec celle qu'ils creusent eux-mêmes, pendant que d'autres la refoulent : c'est ainsi qu'on forme le parapet de l'ouvrage; quant à la traverse, on ne la construit qu'après que le reste est fait.

2. Il ne faut pas oublier de donner au fossé une pente, ce qu'on nomme talus : il doit en avoir des deux côtés, et surtout du côté du parapet, qui, sans cela, s'écrouleroit. Le fossé étant large, par exemple, de dix-huit pieds et profond de six, pl. XXVI, fig. 2, il faut lui donner trois pieds de talus intérieur et autant d'extérieur. S'il y a douze pieds de largeur sur six de profondeur, pl. XXVI, fig. 3, le talus en sera de quatre pieds; et s'il est large de quatorze et profond de sept, pl. XXVI, fig. 4, on lui donnera quatre pieds et demi de talus; on l'arrondit aux angles pour qu'il y ait plus de

consistance. Quand on travaille en terre grasse ou mêlée de gravier, on n'a pas besoin de donner au fossé autant de talus extérieur que du côté du parapet.

3. Le côté intérieur du parapet doit être haut de six pieds, et la banquette d'un pied et demi; par conséquent les soldats placés sur cette banquette seront encore couverts de quatre pieds et demi (1). Il faut observer de faire le parapet plus haut d'un pied aux angles de l'ouvrage, pour que les lignes ne puissent être enfilées par le canon ennemi (2).

4. Le parapet ayant six pieds de hauteur au dedans, sa partie extérieure n'aura que quatre pieds et demi, afin que sa superficie soit faite comme un toit ou comme un glacis, et qu'on puisse par là entièrement découvrir l'ennemi, quand même il a déjà gagné le bord du fossé; mais lorsqu'un ouvrage doit être établi sur une

---

(1) Beaucoup d'auteurs, et ils ont grande raison, veulent que le parapet ne surmonte la banquette que de quatre pieds trois pouces.

(2) Cela seroit souvent insuffisant. Ce ne pourroit être que dans un traité complet de fortifications provisionnelles ou de campagne, qu'il seroit possible de développer ce qu'il convient de faire dans les diverses positions.

montagne, cette proportion entre la hauteur intérieure et l'extérieur du parapet, n'a pas lieu, puisque sa superficie doit alors avoir assez de pente pour qu'on puisse découvrir tout le pied de la montagne.

5. On revêt le parapet avec des gazons ou avec des fascines; autrement il s'éboule : on place le côté vert des gazons contre le parapet, et on attache chaque pièce avec quatre petits piquets. Quant aux fascines, on procède ainsi : on couche la première rangée, comme on a dit plus haut, le long de la ligne intérieure du parapet, la clouant avec des piquets; on jette de la terre contre cette première rangée, et à mesure que le parapet devient plus haut, on continue à le fasciner. On observera alors :

1. Que la partie intérieure du parapet ait un petit talus pour qu'il ne s'écroule pas, ce qui arriveroit sans cette précaution, malgré les fascines ou les gazons employés pour les soutenir : il suffit d'un pied de talus lorsque le parapet en a six de hauteur.

2. Les fascines qui le soutiennent seront mises de façon que les bouts de celles qu'on place dans la seconde rangée ne couvrent pas les bouts de celles de la première; car, en ne faisant pas attention à cela, tout le pan des

fascines ne résistera pas au poids du parapet. Il faut donc que le milieu d'une fascine de la seconde rangée couvre exactement deux bouts de celles qui sont dans la première, et ainsi des autres rangées.

3. Il ne faut pas seulement attacher par des piquets les fascines à l'horizon, mais aussi au parapet; sans cette précaution, ce dernier renversera encore tout le revêtement.

4. Le côté extérieur du parapet, qui, comme on a dit, sera haut de quatre pieds et demi, aura plus de talus que l'intérieur. Que si, par exemple, on donnoit douze pieds d'épaisseur au parapet, il faudroit qu'il eût en dehors deux pieds et demi, jusqu'à trois pieds de talus : on donnera un pied et demi au talus de la banquette.

Les profils qu'on trouve dans la planche XXVII, fig. 1, 2 et 3, rendront plus clair tout ce qu'on vient de dire : on y cherchera les lettres, et on trouvera la mesure et la proportion de tout.

A. B. Ligne horizontale.
   a. Talus de la banquette.
   b. Banquette.
   c. Talus intérieur du parapet.
   d. e. Hauteur intérieure du parapet.
   e. f. Partie supérieure du parapet.

g. f. Hauteur extérieure du parapet.

h. Son talus extérieur.

i. Berme (1).

l. Talus intérieur du fossé.

m. Largeur du fossé dans le bas.

n. Profondeur du fossé.

o. Talus extérieur du fossé.

6. Quand on travaille en terre grasse ou forte, il n'est pas nécessaire de façonner ou de gazonner le parapet en dehors; mais quand le terrain est sablonneux, on ne peut pas s'en dispenser, encore moins quand il est pierreux. Dans ce cas, si le parapet n'étoit pas bien solidement revêtu de fascines ou de gazons, le détachement qui défend l'ouvrage seroit plus maltraité par les éclats de pierre que par les boulets du canon ennemi.

7. Les embrasures qu'on fait dans le parapet pour y placer le canon, seront également revêtues; mais il vaut mieux employer pour cela des gazons que des fascines, le feu prenant trop facilement à ces dernières. Ces embrasures,

---

(1) Il faut toujours rabattre les bermes en pain coupé, ou les arrondir de manière que l'attaquant ne puisse s'y tenir pour y reprendre haleine, après avoir franchi le fossé, et ensuite attaquer le parapet avec une nouvelle vigueur.

pl. XXVIII, fig. 1, seront larges au dedans d'un pied et demi, et au dehors de sept à huit pieds : la partie du parapet qui reste en entier dans une telle embrasure pour que l'affût du canon en soit couvert, et qu'on appelle genouillère, sera haute de deux pieds et demi, à compter du lit de madriers (1) qu'on fait sous le canon pour qu'il tire plus juste. La grosseur des pièces fixe proprement la hauteur de cette genouillère, et il faut seulement avoir soin que le parapet soit assez haut des deux côtés de l'embrasure, pour que les artilleurs puissent charger leur canon sans que l'ennemi les découvre. La partie du parapet, qui est entre deux embrasures, est appelée merlon, et doit être au moins de six pas, pour résister au canon ennemi sans être d'abord ruinée.

8. Quand on a beaucoup d'artillerie, il faut faire des embrasures précisément aux angles, surtout dans les redoutes carrées ; car le canon fortifie les angles, qui sont la partie la plus foible d'un ouvrage ; et par ce moyen, on fera une meilleure défense. S'il y a des madriers, on fera

---

(1) C'est ce qu'on nomme plus communément une plate-forme. Quand ces plates-formes sont faites avec soin, on place sous les madriers des pièces de bois, ou forts chevrons, qu'on nomme des gîtes.

4 *

un lit sous chaque pièce de canon; sinon on se contentera de deux planches fortes qu'on mettra en long sous chaque roue.

9. On n'a pas besoin de faire des embrasures dans un ouvrage établi sur une hauteur qui n'est pas dominée, mais on place le canon de façon qu'il puisse tirer en barbette, c'est-à-dire par-dessus le parapet : en conséquence de cela, il faut faire le lit de madriers convenablement haut, et l'on se procure alors l'avantage de pouvoir pointer le canon du côté qu'on veut; au lieu que, tirant par des embrasures, les coups en seront bornés : mais si l'ennemi peut établir des contre-batteries sur une hauteur, il faut absolument des embrasures, afin que le canon ne soit pas exposé à être démonté (1).

---

(1) On ne peut disconvenir que les embrasures ne soient susceptibles d'être enfilées par les boulets et autres mobiles de l'ennemi : ce qui diminue beaucoup la sécurité dont on doit jouir derrière le parapet d'un retranchement. D'un autre côté, les barbettes ne sont pas non plus sans inconvéniens ; mais elles en présentent moins que les embrasures. Avec de bons obusiers on lève ces difficultés ; car on peut se passer d'embrasures ainsi que de barbettes. Il n'est pas impossible, avec du canon, de tirer à petites charges par-dessus le para-pet.... et d'obtenir de cette arme un service analogue à celui des obusiers.

10. Dans les cas où un ouvrage doit être défendu par beaucoup de monde et par beaucoup d'artillerie, on fera bien d'y établir des batteries dans les formes; c'est-à-dire une élévation de terre plus haute et plus large que n'est la banquette : par là le terrain à l'entour sera beaucoup plus dominé. On construit communément ces batteries aux angles, pl. XXVIII, fig. 2; et, pour pouvoir y transporter le canon, on fait des appareils, c'est-à-dire des rampes à pente douce; alors on peut le faire monter et descendre sans embarras.

11. Lorsque l'entrée d'un ouvrage doit être masquée en dedans par une traverse, le parapet de cette dernière ne sera pas si fort que celui de l'ouvrage même, ni le fossé si large. Il suffit que le fossé soit large de huit pieds; mais il faut absolument que la traverse soit de la même hauteur que le parapet de l'ouvrage, pour qu'une partie du monde qui le défend ne soit prise de revers. Quand il y a une flèche devant l'entrée, on la ferme à dos avec des chevaux de frise, et on fait une communication jusques dans l'ouvrage.

12. L'entrée sera fermée par une bonne barrière de lattes fortes de quatre pouces, et à travers lesquelles on puisse tirer, ou par deux ou

trois chevaux de frise, pl. XXVIII, fig. 3. Dans les cas où il faut faire absolument une défense désespérée, on assemblera dans l'ouvrage quelques centaines de bûches, pour en jeter dans l'entrée lors d'une attaque et y mettre le feu ; ce qui empêchera l'ennemi de percer.

13. Les poutres sur lesquelles on cloue les fraises, doivent être placées sur l'horizon et dans le parapet même, à trois pieds de sa ligne extérieure, et parallèlement à cette ligne, pl. XXIX, fig. 1, *a*. On cloue les fraises de façon qu'il en reste trois pieds et demi dans le parapet, et que l'autre bout, long de quatre pieds et demi, déborde la berme et présente sa pointe au fossé : on peut mettre des pièces de bois de neuf jusqu'à douze pieds le long de la ligne extérieure du parapet *b*, et y clouer les fraises une seconde fois, afin que l'ennemi trouve plus de difficulté à les arracher. Cette besogne doit être faite avant que le parapet soit fasciné en dehors ; cependant on ne le revêt guère de ce côté quand on fraise les redoutes.

14. On fortifie le fossé par une rangée de palissades simple ou double : dans le premier cas, chaque pièce sera de neuf pieds, et on les placera perpendiculairement au milieu du fossé, pl. XXIX, fig. 2. On les met à trois pouces les

unes des autres, clouant, à deux pieds au-dessous de leurs pointes, des lattes ou des perches fendues, pour qu'on ne puisse les ébranler qu'avec peine.

Si la rangée doit être double, on prendra, pour la première, des pieux de dix pieds et demi, et on les plantera dans le fossé le long de la ligne de son talus, en les inclinant vers la campagne, pl. XXIX, fig. 3. Ces palissades *a* seront mises trois pieds en terre et sept et demi dehors, à trois pouces l'une de l'autre; et comme la terre ne leur résisteroit pas assez à cause de leur position oblique, il faut les soutenir en bas par des poutres longues de douze pieds et fortes de six pouces en carré *b*. On couche ces poutres le long de la rangée des palissades, qu'on y cloue alors. Celles de la seconde rangée seront de neuf pieds, et plantées perpendiculairement le long de la ligne du talus extérieur du fossé *c*, deux pieds en terre et sept dehors : on y attachera également des lattes à deux pieds au-dessous de leurs pointes.

Cette manière de palissader un ouvrage est préférable à la première, et la rangée dont on a parlé en dernier lieu, est de la plus grande utilité; car, quand même l'ennemi seroit assez brave pour vouloir passer le fossé, il ne pourroit pas se tenir ferme sur son talus extérieur, encore moins seroit-il en état de couper les palissades ; il faut également qu'elles soient si bien plantées, qu'on ne puisse les renverser qu'après bien du travail ; aussi faut-il avoir soin qu'elles ne débordent le fossé au-delà d'un pied, afin que l'ennemi ne les ruine pas par le feu de son canon, avant de s'exposer à celui de la mousqueterie; et il les ruineroit sans doute s'il enfiloit toute une rangée de ces palissades (1).

15. Mais on ne palissade un ouvrage à double tour, que quand on a du temps de reste et assez de bois ; autrement une rangée suffit, et celles de dix pieds et demi, qu'on place obliquement, sont les meilleurs. Comme ce travail demande bien de la peine, on se contentera d'en placer perpendiculairement tout près du talus extérieur du fossé.

16. Il y a encore un moyen de rendre le passage du fossé bien difficile à l'ennemi, et qui est

---

(1) C'est indubitable; et l'ennemi pourra toujours le faire, s'il peut apercevoir et ajuster avec son artillerie cette rangée de palissades. Dès-lors, au lieu de les faire déborder d'un pied, il vaudroit mieux les tenir un peu plus basses que le bord du fossé.

préférable à tout ce qu'on vient de dire à ce sujet ; c'est d'y placer tout au long des chevaux
de frise , pl. XXIX , fig. 4 , et de les joindre les
uns aux autres par des crampons. Les poutres
de ces chevaux de frise seront, comme on l'a
dit plus haut, longues de douze pieds et fortes
de six pouces en carré ; mais les rayons n'en auront que six pieds, et sortiront de la poutre d'un
côté autant que de l'autre ; de sorte que deux
rangées des rayons touchent le bas du fossé, et
que les deux autres soient en l'air : le détachement qui occupe l'ouvrage faisant alors son devoir, il n'est pas probable qu'il puisse être forcé ;
car l'ennemi, qui s'en voudra rendre maître, sera
obligé de combler le fossé avec des fascines, travail très-difficile, et dont il ne pourra pas venir
à bout, parce que les chevaux de frise l'empê-
cheront d'ajuster ces fascines ; par conséquent le
passage du fossé deviendra impraticable, et l'entreprise lui coûtera cher.

17. On mettoit autrefois des chevaux de frise
tout à l'entour d'une redoute, à six pas du
fossé, en plein champ, et on les joignoit par
des chaînes ou par des crampons ; mais comme
l'usage du canon est plus fréquent à présent qu'il
n'étoit autrefois , ce travail ne procure pas des
avantages ; car l'ennemi saura le ruiner bien vite
par ses boulets.

18. Il vaut mieux couper de grands arbres, et les assembler avec leurs branches en forme d'abatis, à quelques pas du fossé : on les embarrasse les uns dans les autres, mettant les tiges du côté de l'ouvrage et les branches en dehors (1).

19. Pour rendre plus difficile encore l'attaque de l'ennemi, il faut faire des trous de loup fort près l'un de l'autre. Chaque trou aura quatre pieds et demi de diamètre et six pieds de profondeur; il finira en pointe, et aura la figure de pain de sucre renversé : on plante au milieu et perpendiculairement un piquet aiguisé, fort de quatre pouces et long de six pieds, dont deux seront en terre et quatre en dehors. Il faut faire deux, jusqu'à trois rangées de ces trous de loup, à six pas du fossé, et les creuser en échiquier, c'est-à-dire, deux trous l'un à côté de l'autre, et le troisième couvrant l'intervalle, pl. XXX, fig. 1.

20. Quand on a le temps, et surtout lors-

---

(1) Il faut consulter ce que nous disons, dans les observations qui sont à la fin de ce chapitre, sur les moyens qu'il convient d'employer pour rendre les abatis susceptibles d'une défense plus vigoureuse qu'ils n'ont été jusqu'à présent.

qu'on veut soutenir un poste bien long-temps, il faut bâtir dans l'ouvrage même un corps-de-garde de poutres et de planches, pour que les soldats puissent y être à l'abri du mauvais temps. Ce corps-de-garde sera enfoncé deux à trois pieds en terre, afin qu'il soit moins exposé au canon de l'ennemi ; aussi peut-on le couvrir avec des solives, sur lesquelles on jettera deux pieds de terre, pour que les grenades royales n'y percent (1).

---

(1) Cette précaution est essentielle. Cependant M. de Gaudi est le seul auteur militaire qui en ait parlé dans le temps qu'il écrivoit.

Depuis lui, plusieurs auteurs allemands, dont les ouvrages paroissent inconnus en France, ont proposé de rendre les corps-de-garde susceptibles de défense. Pour cela ils les transforment en espèces de redoutes de bois, qu'ils nomment *block hauss.*

En perfectionnant ces *block hauss*, on peut rendre une bonne redoute susceptible de se soutenir par elle-même fort long-temps, et de contribuer à parfaitement assurer la tranquillité des quartiers d'hiver. Ce n'est que dans un ouvrage *ex professo* sur cet objet, et d'une certaine étendue, qu'on pourroit dire tout ce qui est à dire sur cette partie si important·tante et tout à la fois si étendue de l'art de la défensive, qu'on appelle fortification de campagne.

Pour rendre plus susceptible d'une vigoureuse défense un fortin, ou même une redoute, qui auroit un *block hauss* pour réduit, je suppose qu'on y placera quelques canons et quelques obusiers. Dans le chapitre suivant nous ferons

A trois pas de cette baraque, et tout à l'entour d'elle, on place une rangée de palissades à telle distance l'une de l'autre, qu'on puisse tirer à travers : c'est derrière cet enclos que ceux qui occupent l'ouvrage peuvent faire les derniers efforts de défense, lorsque l'ennemi les force de quitter le parapet. On fermera cet enclos par une bonne barrière, qu'on verrouillera en dedans.

21. La terre pour la banquette doit être ordinairement prise du fossé ; mais quand on travaille sur une hauteur, on la prend du dedans de l'ouvrage, dans lequel on creuse partout un demi-pied ou plus, pour pouvoir établir la banquette. En fortifiant une montagne bien haute, au pied de laquelle il y a des défilés, et où par conséquent l'ennemi ne peut s'approcher que très-difficilement, on épargnera beaucoup de travail en donnant au fossé moins de largeur et de profondeur qu'on n'a fixé précédemment ; cependant, pour que le parapet soit assez haut et assez fort, on prend de la terre du dedans, et on s'enfonce

---

observer combien l'usage plus fréquent qu'on fait à l'époque actuelle, et que l'on peut encore faire de l'artillerie, doit influer sur certaines dispositions défensives et modifier l'art des fortifications de campagne.

comme à une tranchée : dans ces occasions, on n'a pas besoin d'une banquette. Cette façon de travailler est unique, lorsqu'on est à construire des ouvrages sur des hauteurs pierreuses où l'on manque de terre.

22. Une redoute étant dominée par une hauteur à la portée du canon, il faut, du côté de cette hauteur, élever assez le parapet pour que les soldats qui bordent les autres lignes ne puissent être pris de revers et aux flancs, par les coups plongeans de l'ennemi (1); c'est alors qu'il faut aussi ajouter à la largeur et à la profondeur du fossé, pour qu'on ait assez de terre, et qu'on puisse faire plusieurs banquettes l'une sur l'autre en forme d'escalier, afin que les gens destinés à défendre l'ouvrage, puissent facilement gagner le parapet, pl. XXX, fig. 2. Si cela ne suffit pas, il faut faire des traverses dans l'ouvrage même.

23. Lorsqu'une redoute est exposée au feu de la mousqueterie que l'ennemi pourroit faire d'une hauteur voisine, il faut garnir la ligne qui est vis-à-vis avec de petits gabions : ils sont, comme on l'a dit, hauts d'un pied, leur diamètre de douze

---

(1) Souvent il vaudroit mieux élever une traverse ou un fort épaulement en travers de la redoute.

pouces en haut et d'onze en bas ; de sorte que les soldats peuvent passer leurs fusils à travers , pl. XXX, fig. 3.

24. Quand on ne peut pas employer toute la terre qu'on tire du fossé , il faut la répandre de côté et d'autre , mais de façon qu'il n'en reste nulle part des monceaux derrière lesquels l'ennemi puisse se cacher en approchant de l'ouvrage ; car il faut alors pouvoir le découvrir depuis la tête jusqu'aux pieds : aussi fait-on du surplus des terres un glacis qui augmente la profondeur du fossé ; et lorsque l'ennemi le monte , il est d'autant plus exposé au feu du retranchement.

25. Il faut avoir soin que la poudre et les cartouches ne soient exposées ni à l'humidité ni aux grenades royales de l'ennemi : on creusera donc des trous dans l'espace intérieur de l'ouvrage , qu'on étaiera avec de petites poutres et des planches , ayant soin de prendre les plus grandes précautions pour soustraire ces munitions de guerre aux accidens du feu (1).

---

(1) On peut voir , dans les *Nouveaux Elémens de Fortification*, principalement aux pages 312 et 313 de l'édition de 1792 , au moyen des exemples que nous citons , combien il peut résulter de désastres d'un pareil accident.

26. Pour qu'un ouvrage soit bientôt achevé, il faut que le nombre des travailleurs soit double de celui du détachement qui doit l'occuper ; il faut, par exemple, quatre cents hommes pour construire bien vite une redoute à la défense de laquelle on en a destiné deux cents : la moitié des travailleurs, savoir, deux cents hommes seront mis en œuvre aussitôt que l'ouvrage sera tracé ; les autres seront employés pendant les premières trois heures aux matériaux ; ils feront des fascines, des piquets, des palissades, des fraises, etc. ; ils les assembleront et les établiront aux endroits où il faut les placer. Ces derniers deux cents hommes seront encore divisés en deux parties, qui se relèveront d'heure en heure : on les fera reposer une heure avant qu'ils prennent la place de ceux qui creusent la terre, pour qu'ils soient alors en état de bien travailler. Ceux qui viennent d'être relevés se reposeront également une heure ; puis ils seront divisés en deux troupes ; ils travailleront aux matériaux, et se relèveront tour-à-tour. Il ne faut pas oublier de répartir des officiers et des bas-officiers à chaque trentaine de ces travailleurs.

27. La moitié de ces hommes aura des pioches, un quart des hoyaux, et un quart des cognées ; de sorte que s'il y a cent hommes, cinquante apporteront des pioches, vingt-cinq des hoyaux,

et vingt-cinq des cognées. Cependant l'espèce des outils dépend de la qualité du terrain sur lequel on travaille : il faut des bêches dans un terrain gras ou sablonneux; il faut peu de pelles et beaucoup de pioches ou hoyaux dans un terrain pierreux : il faut aussi qu'il y ait avec cent travailleurs une dixaine d'hommes portant des haches, et sachant un peu le métier de charpentier.

28. Les matériaux seront assemblés et répartis de façon qu'on les ait en main aussitôt qu'on en a besoin, et qu'avec cela ils n'embarrassent point les travailleurs. On assemblera, par exemple, les palissades et les fraises en divers endroits sur le bord du fossé qu'on est à creuser; on fera porter dans l'ouvrage même autant de fascines et de piquets qu'il en faut pour revêtir le côté intérieur de la banquette, et on assemblera sur le bord du fossé ce dont on a besoin pour fasciner le parapet en dehors.

OBSERVATIONS

DE L'ÉDITEUR,

Promises dans l'une des Remarques du chapitre précédent.

M. DE GAUDI, et à son exemple beaucoup d'auteurs allemands, proposent de fréquens usages des abatis. Il est surprenant qu'aucun de ces écrivains militaires n'indique les moyens de perfectionner ce genre de retranchemens. Cependant Folard, qu'ils connoissent ou qu'ils doivent connoître, avoit déjà proposé des moyens de les rendre d'une meilleure défense ; et l'on peut encore ajouter à ce que Folard avoit imaginé.

Les abatis perfectionnés me paroissent plus expéditifs et plus propres à rendre redoutables les différens ouvrages de fortification de campagne, que les palissades, les fraises et les chevaux de frise que les auteurs allemands, ainsi que M. de Gaudi, emploient si fréquemment.

Dans ce que je vais indiquer pour perfectionner ce genre de retranchement, je n'ajouterai rien à ce que Folard a proposé pour l'abatis proprement dit; mais je montrerai comment on doit s'y prendre pour les soustraire *(les abatis)* aux effets destructeurs des batteries de l'assaillant. Il est d'autant plus important de s'attacher *(ce qu'on n'a pas imaginé de faire jusqu'à présent)* à soustraire aux effets de ces batteries, les moyens de défense que procurent ces abattis, que ce genre de retranchement, quand il est bien fait, seroit inattaquable, si l'ennemi ne prenoit préliminairement le soin de le canonner avec des batteries, dont on fait croiser les feux, sur les parties qu'on veut forcer. Mais comment faire croiser ces feux sur les abatis qui seront disposés comme on va les voir, et dès-lors, comment pourra-t-on les attaquer avec apparence de succès ?

A mesure qu'on abat les arbres, il faut que des travailleurs soient employés à roguer ceux qui sont trop longs *(il nous semble qu'ils doivent être fixés à douze ou quinze pieds)* ; il faut aussi débarrasser les houppiers ou têtes *(de ces arbres)* de toutes leurs branches trop foibles ou trop flexibles; il faut appointiser toutes celles qu'on laissera.

Les choses ainsi disposées, voici comme je construirois l'abatis; ce qu'on doit concevoir très-facilement, si l'on jette les yeux sur la pl. 2ᵉ du supplément, nᵒ XVI.

En avant de l'abatis A , j'élève le glacis B , dont les terres sont fournies par le fossé C , ainsi que par les puits en cônes renversés 33 , creusés au pied de l'escarpe 4.

Au pied du revers du glacis B , et en avant des branches les plus longues des arbres qui forment l'abatis A , sont encore quelques rangées 2 , 2 , de puits en cônes renversés , dont les terres sont jetées sur les souches e des arbres qui forment l'abatis.

Ces terres, par leur poids, rendent les corps d'arbres qui forment l'abatis , plus difficiles à ébranler , en même temps qu'elles mettent plus à couvert des plongées de l'assaillant , parvenu en f sur le glacis B , les défenseurs de l'abatis placés , soit sur la banquette d , soit dans le fossé c. Pour que les terres ne s'infiltrent pas dans les tiges des arbres, on peut placer dessous un clayonnage , ou mettre en travers sur ces tiges les menues branches retranchées des houppiers des arbres formant l'abatis.

Des terres du fossé c , on élèvera le parapet a; au moyen des deux banquettes g et h , on se peut prévaloir contre l'assaillant d'une seconde défense , lorsqu'il sera parvenu en f sur le glacis B. Ce même parapet a procure le moyen de défendre préliminairement les approches du retranchement.

On pourroit penser que pour cette défense

préliminaire, on feroit bien de placer une banquette au pied de l'escarpe 4 du fossé C ; mais alors il faudroit ménager des passages aux troupes employées à cette défense, soit au-dessus, soit entre les puits en cônes renversés 33 ; et ces passages serviroient à l'assaillant, s'il suivoit vigoureusement ses premiers avantages.

On conçoit qu'on peut se servir du profil qu'on vient de décrire pour un retranchement, une redoute ronde ou carrée, un fortin, enfin pour tout ouvrage quelconque de fortification ou de campagne.

La berme *b* au pied du parapet intérieur, est rabattue en pan coupé, pour que l'assaillant ne puisse s'en prévaloir, se former au pied du parapet, et reprendre haleine avant de le franchir.

La fig. 2 montre, d'après un cugnot, comment, au lieu de cette berme, on peut avoir une fausse braie ; et l'on voit aussi, même fig., comment des piquiers ou pertuisaniers, ainsi que l'indiquoit Folard, peuvent seconder avantageusement les efforts des fusiliers, et rendre la défense de l'abatis plus vigoureuse.

CHAPITRE V.

*De la Fortification d'un Cimetière, d'une Église,
d'un Château ou d'une Maison maçonnée et des
Bâtimens qui font partie de son enceinte.*

LES raisons pour lesquelles on fortifie de tels
postes sont infinies, et il seroit trop long de les
détailler toutes : on se contentera donc de dire
que, dans ces sortes d'occasions, on ne peut
jamais prendre trop de mesures contre une attaque ; et comme la conservation d'un tel poste
donne de la réputation et produit ordinairement
des récompenses à celui qui a su faire de bons
arrangemens et une belle défense, un officier ne
sauroit se donner assez de peine pour apprendre
tout ce qui y est relatif. Il doit aller plus loin, en
tâchant d'imaginer de nouvelles difficultés, qu'il
présentera à l'ennemi dans l'occasion ; car ces
sortes de postes étant ordinairement très-diffé-
rens les uns des autres, tant par l'ordre et la
construction des bâtimens, que par le terrain
sur lequel ils se trouvent, et par celui qui est à
l'entour, il n'est pas possible d'établir des règles
pour chaque cas, une chose bonne et nécessaire

dans une occasion, pouvant être dangereuse dans l'autre. Il faut préférablement examiner combien il y a de monde pour le travail qu'on doit faire, et combien il y en a pour la défense; s'il y a des matériaux tout prêts, d'où on peut les avoir s'il n'y en a pas sur les lieux, et combien de temps il faut à peu près pour fortifier le poste. Cette dernière réflexion est des plus importantes; car quand il est à craindre que l'ennemi se présente bientôt, il faut se contenter de ne faire que ce qui est indispensablement nécessaire, et laisser jusqu'à une autre fois ce qui coûte plus de peine; mais si on a assez de temps, assez de matériaux et assez de travailleurs, il faut tâcher de rendre le poste aussi respectable qu'il est possible, et pour cela, on observera les règles suivantes :

1. Quand on veut mettre un cimetière en état de défense, il faut premièrement examiner son assiette naturelle : s'il y a, par exemple, des maisons maçonnées à la portée du fusil, s'il y a tout près des hauteurs qui le dominent, les meilleurs arrangemens ne feront rien, et le poste sera toujours mauvais. Il faut, en second lieu, calculer si on a assez de monde pour le défendre; car cela n'étant pas, toute fortification imaginable n'empêche pas que l'ennemi ne s'en rende maître en peu de temps, parce qu'il trouvera des en-

droits qui ne seront point défendus; et dans ces cas il faut se borner à fortifier l'église seule.

2. Le premier soin, en mettant un cimetière en défense, est de barricader, sans exception, tous les chemins et même les sentiers qui y conduisent; ce qui se fait par des chariots chargés de fumier, dont on ôte une couple de roues, ou par des arbres coupés, auxquels on laisse les branches, ou par des trous de loup, ou par des chevaux de frise. On ferme les sentiers par des herses dont les pointes sont tournées en haut et qu'on attache avec de grands clous, par des bûches entassées, par de grandes branches, par de profonds fossés, enfin par d'autres choses qui empêchent le passage : mais il faut que tout cela puisse être défendu du cimetière par le feu de la mousqueterie; sans cela l'ennemi ouvrira les chemins, sans qu'on puisse s'y opposer et lui faire du mal.

3. Les portes cochères, et même les petites portes, seront barricadées avec du bois, et crénelées à sept ou huit pieds de l'horizon, hauteur requise pour que l'ennemi ne puisse pas y passer des fusils et faire du mal à la garnison; mais afin que cette dernière puisse se servir de ces créneaux, on fera des échafaudages, sur lesquels on placera des soldats qui tirent à travers : on en

fera d'autres en bas des portes, précisément au-dessus de l'horizon, et derrière on creusera un fossé, profond de trois pieds et demi, dont on répandra la terre en arrière. C'est dans ce fossé qu'on fera entrer quelques hommes, qui feront feu par les créuaux d'en bas; précaution qu'on prend pour que l'ennemi ne puisse s'approcher des portes en se courbant et y mettant le feu. S'il n'y a point de bois pour les barricader, il faut jeter de la terre contre ces portes; mais alors les créneaux d'en bas n'ont plus lieu.

4. Si le mur du cimetière est bien haut, et si l'on trouve assez de bois et de planches, on fera des échafaudages tout à l'entour, ou au moins de distance à autre : les soldats y montent au moyen de planches sur lesquelles on cloue des bouts de lattes; ce qui fait une espèce d'escalier. Le mur sera crénelé à sept pieds de l'horizon; les créneaux seront longs de huit pouces, et alors la garnison sera en état de faire une bonne défense et beaucoup de mal à l'ennemi, le dominant lorsqu'il vient faire son attaque : on fera bien aussi de créneler le mur au-dessus de l'horizon, et de creuser un fossé derrière, comme on l'a dit à l'occasion des portes, afin que l'ennemi soit entièrement découvert quand il s'est approché à quelques pas du cimetière.

5. Le bois manquant pour les échafaudages et le mur étant haut, il faut en démolir une partie, et faire des décombres une banquette si haute, que les soldats puissent tirer par-dessus le mur : si au contraire il est bas, on creusera un fossé derrière, de telle profondeur, que ceux qui y entrent soient couverts jusqu'à la poitrine.

6. En dehors et tout près du mur, mais sans endommager le fondement, on fera un fossé, large de douze pieds par le haut et profond de quatre ; la largeur de ce fossé ira toujours en diminuant jusqu'au bas, en sorte que la coupe ressemblera à un triangle, dont le sommet sera le fond du fossé. On lui donne cette figure, afin que l'ennemi, en cas qu'il prenne le parti de se jeter dedans, ne trouve pas de place pour s'y tenir. La terre qu'on tirera du creux doit être répandue de côté et d'autre ; mais de façon qu'il n'en reste pas des monceaux à la faveur desquels l'ennemi puisse s'approcher sans être découvert. On peut de plus mettre dans ce fossé des arbres avec leurs branches.

7. S'il y a des maisons couvertes de chaume tout près du cimetière, il faut d'abord les découvrir et brûler la paille : si les maisons sont couvertes de tuiles, il faut ôter les tuiles, pour que l'ennemi n'envoie pas sur les greniers des gens

qui tirent contre le cimetière, où on ne seroit
plus en sûreté alors : s'il y a des maisons qui ne
soient éloignées du cimetière qu'à un coup de
fusil, il faut en ruiner les murailles, derrière
lesquelles l'ennemi pourroit se cacher et causer
du mal par son feu : enfin, il faut faire en sorte
qu'on puisse parfaitement le découvrir, de quelque côté qu'il s'approche ; pour cet effet on coupera les haies et les arbres des jardins voisins,
et on les fera traîner dans le fossé creusé en dehors du cimetière ; là où l'attaque paroît être facile, on augmentera les difficultés par des trous
de loup et même par des fougasses, au cas qu'on
ait tout ce qu'il faut pour les construire (1).

Ces précautions prises, il n'est pas probable
qu'un cimetière puisse être forcé sans canon (2),
pourvu que ceux qui le défendent fassent bien
leur devoir ; mais si l'ennemi se servoit de son
artillerie, et s'il réussissoit à miner quelque partie
du mur pour donner assaut après, il faut, surtout dans le cas où les ordres portent de maintenir le poste à tout prix, tâcher de défendre la

---

(1) Cette défense par les fougasses seroit souvent ce qu'on
auroit de mieux à faire dans cette circonstance, comme dans
beaucoup d'autres de la guerre des retranchemens.

(2) Oui : mais il faut être certain que l'ennemi en aura.
Voyez à ce sujet la fin de ce chapitre et les remarques relatives.

brèche : pour cela , on y fera porter des bûches, auxquelles des volontaires mettront le feu , ou s'il y a des arbres dans le cimetière , on en fera couper un nombre suffisant , qu'on fera traîner avec leurs branches dans la brèche. Embarrassée de cette façon , l'ennemi aura tiré sa poudre en vain , et sera obligé de recommencer. Si cependant il s'obstine à forcer le poste , on pourra , à la vérité, être contraint à la fin de quitter le mur , mais ce ne sera qu'à la dernière extrémité ; alors on se retirera dans l'église, et chacun doit être préalablement instruit du poste qu'il y doit occuper.

9. En fortifiant une église , il faut, avant toute chose , empêcher que l'ennemi n'en puisse forcer les portes ; entreprise qu'on fera échouer par un ouvrage fait de palissades, qu'on appelle tambour (1), pl. XXXI , fig. 1. Il faut pour cela des pièces de bois longues de dix pieds et fortes de six pouces en carré : on les plante trois pieds en terre, l'une près de l'autre , de façon que cela fasse la figure d'une redoute carrée coupée en deux ; mais il faut laisser des ouvertures *a* aux

---

(1) Comme il est hors de doute que l'assaillant ne s'embarquera pas dans une pareille entreprise sans artillerie, il se servira de cette artillerie pour détruire les portes et les tambours dont on aura voulu les couvrir.

deux flancs, afin que les soldats, lorsque l'ennemi les oblige d'abandonner le mur du cimetière, trouvent libre l'entrée de l'église. On fait des créneaux dans ces tambours à trois pieds l'un de l'autre et à six de l'horizon : ils seront hauts de huit pouces, larges de deux en dedans et de six en dehors ; il faut aussi qu'il y ait derrière ces créneaux un échafaudage haut de deux pieds, sur lequel les soldats se placent pour tirer à travers, ou l'on fera une banquette de la même hauteur, pl. XXXI, fig. 2, pour laquelle on prendra de l'espace intérieur du tambour : on fera entre deux créneaux un troisième, précisément au-dessus de la banquette ou de l'échafaudage ; et c'est ainsi qu'il faut percer le tambour de tous côtés. Au cas qu'on ne trouve pas du bois aussi fort qu'on vient de le dire, on peut en prendre du plus mince ; mais il faut suppléer à ce qui manque, en clouant en dedans des madriers ou des planches contre le tambour pour que les balles de l'ennemi ne percent pas. En dehors, à deux pas, on creusera tout autour un fossé de profil triangulaire, dont on répandra la terre ; on mettra encore sur le tambour des solives étançonnées par quelques pièces de bois et couvertes de planches, sur lesquelles on fera jeter deux pieds de terre qu'on prendra du fossé creusé en dehors ; par ce moyen, les soldats qui défendent le tambour seront à l'abri des grenades que l'ennemi pourroit leur jeter.

Ces tambours procurent un double avantage, car ils masquent l'entrée de l'église, et ils donnent des feux croisés ; mais il faut qu'il y ait déjà des gens placés pour les défendre , au moment que les autres abandonnent le mur du cimetière et gagnent l'église ; car sans cela, leur retraite ne seroit pas protégée. Les mêmes tambours peuvent être établis devant les portes cochères d'un cimetière , afin de pouvoir en défendre le mur par des feux qui se croisent ; mais il faut leur donner alors des flancs obliques , dans lesquels il n'y ait point d'ouverture. La pl. XXXII expliquera tout cela.

10. On coupera dans la porte de l'église , à deux pieds de l'horizon , un trou de trois pieds en carré , par lequel il ne puisse passer qu'un homme à la fois : cette ouverture sera fermée par une porte de madriers , de façon qu'on puisse la vérouiller en dedans , ce qui fera l'entrée de l'église ; le reste de la porte doit être barricadé et crénelé , afin que l'ennemi n'ose s'en approcher, quand même on auroit déjà quitté le tambour.

11. Si les fenêtres sont si hautes que l'ennemi ne puisse y passer des fusils et tirer sur ceux qui sont dans l'église , il faut faire en dedans des

échafaudages, pour y placer des soldats qui
tirent par ces fenêtres; mais si elles sont si basses
qu'on pourroit voir dans l'église, il faut les fermer jusqu'à huit pieds de l'horizon, par des
poutres ou par des planches, qu'on étaiera avec
des pièces de bois; et alors on fera des échafaudages de la hauteur convenable.

12. Lorsque les murailles de l'église ne sont
pas trop épaisses, il faut les créneler tout à l'entour; s'il y a des galeries, elles serviront d'échafaudages, et on fera alors des créneaux convenablement hauts, et on fera une autre rangée à
sept pieds de l'horizon, contre lesquels on placera les bancs de l'église, afin que les soldats
puissent passer leurs fusils et faire feu; mais lorsque les murailles sont trop épaisses, il ne faut
les percer qu'entre les pillers : tous ces créneaux
seront larges de deux pouces en dedans, de six
en dehors, et hauts de huit pouces.

13. Il ne faut jamais oublier, dans ces occasions, de se procurer des feux croisés; ce qui
est facile, quand l'église est bâtie en forme de
croix, comme il y en a; car alors on aura de
ces feux à toutes les lignes, au moyen des créneaux qu'on fera; mais, lorsque l'église a une
autre figure, il faut, pour avoir ces feux croisés, créneler les hales, la sacristie et chaque

partie saillante du bâtiment. Si tout cela n'y est pas, il faut faire des tambours à chaque ligne.

14. On enverra des gens au grenier, qui ôteront par-ci par-là des tuiles ou des ardoises pour pouvoir découvrir l'ennemi de loin, et faire feu sur lui : les lucarnes de la tour seront également barricadées et crénelées : on dépavera l'église, et on fera porter les pierres ou les briques sur le grenier, pour pouvoir les lancer sur l'ennemi quand il est assez approché.

15. Il faut encore assembler quelques grands tonneaux ou cuves, et les faire remplir d'eau, pour qu'on puisse d'abord éteindre le feu que l'ennemi pourroit mettre à l'église.

16. Lorsqu'il s'agit de fortifier un château ou une maison de campagne maçonnée avec les bâtimens qui l'entourent, il faut commencer par faire le calcul des gens destinés à sa défense. Le détachement étant fort, on peut fortifier et le château et les bâtimens qui y tiennent, et le mur qui fait l'enceinte de la cour; mais si on n'a que peu de monde, on ne pourra défendre que le château tout seul.

17. Les murailles qui enclavent la cour seront

crénelées , ou on fera des banquettes derrière ,
à mesure qu'elles sont hautes ou basses , tout
comme on l'a dit au sujet de la fortification d'un
cimetière. On divisera la garnison de façon qu'il
en reste une réserve , qu'on mettra à la grande
place , pour qu'elle puisse se porter en diligence
là où il y a le plus à craindre.

18. En fortifiant un tel poste , le soin principal
sera encore de se procurer des feux croisés ; ce qui
est très-facile , quand les murailles des bâtimens
se flanquent , car alors on n'a qu'à y faire des
créneaux ; mais cela n'étant pas , il faut faire des
flèches ou des tambours avec des flancs obliques ,
dont on se servira principalement pour masquer
les entrées ; en même temps, les chemins par
lesquels l'ennemi pourroit s'approcher , seront
soigneusement barricadés. Si les granges, les écuries et les autres bâtimens sont de maçonnerie ,
on y fera des créneaux , tant du côté de la campagne que du côté la cour , afin qu'on puisse
tirer de tous côtés sur l'ennemi , au cas même
qu'il force l'une ou l'autre entrée. S'il y a du
temps de reste , on augmentera et multipliera
les difficultés; on fera même, s'il y a de la poudre ,
des fougasses devant les endroits les plus foibles,
pour faire sauter l'ennemi en l'air lorsqu'il donne
assaut. Il faut encore tâcher de se mettre à l'abri

du feu : s'il y a donc des toits de chaume, de roseaux ou de planches, il faut les découvrir , et d'abord brûler les matières combustibles.

19. Quand l'ennemi braque du canon pour battre en brèche le mur de la cour , il ne faut pas cesser de le défendre , tant qu'il y a assez de bois et d'autres matériaux pour embarrasser cette brèche ; mais quand cela n'est pas possible, ou parce qu'elle est devenue trop grande, ou parce que l'ennemi fait des préparatifs pour donner assaut avec tant de monde , que la garnison ne peut pas le repousser , il faut abandonner la cour et les bâtimens qui sont dans son enceinte pour se jeter dans le château , dans lequel on aura par avance marqué à chacun le poste qu'il doit occuper ; aussi faut-il, dans ce moment critique, qu'il y ait déjà des soldats au premier étage et au grenier, qui tirent par-dessus le mur de la cour et protègent la retraite de ceux qui ont bordé la cour (1).

20. Lorsqu'on est à mettre en état de défense une maison isolée ou un château, il faut noter

___

(1) Ce qu'on pourroit faire de mieux , ce seroit d'opposer du canon à celui de l'ennemi, ou au moins de grosses ou de petites *amusettes*.

que les murailles de briques sont préférables à celles de pierre de taille ; car un boulet de canon passe par les premières et n'y fait qu'un trou , au lieu qu'il fait dans les autres de grandes ouvertures , et les éclats de pierre causent plus de mal que les boulets.

21. On mettra deux pieds de fumier sur le grenier, et on assemblera de grandes cuves, qu'on fera remplir d'eau pour éteindre le feu que pourroient causer les grenades de l'ennemi : on barricadera la porte de la maison et les autres entrées , mais de façon qu'on en puisse ouvrir vite une ou deux lorsque le cas l'exige ; on fera des créneaux dans ces portes , et on mettra du monde derrière.

22. Les fenêtres de tout le rez-de-chaussée doivent être fermées avec des poutres , jusqu'à huit pieds du sol , ou , ce qui est plus court , avec des briques , dans lesquelles on laissera des trous pour passer des fusils : on y emploiera le bois et les briques des murailles en dedans, au cas qu'il n'y en ait pas d'autres. Les créneaux qu'on fera aux fenêtres , seront à sept pieds du sol , et à trois les uns des autres : on fera après des échafaudages , s'il y a du bois propre à cela ; et s'il n'y en a point, on se servira de bancs et de chaises.

23. On peut faire davantage en levant le plancher, et en faisant dans le mur des créneaux à un pied du sol; mais alors il faut un fossé de six pieds de largeur sur trois et demi de profondeur, qu'on fera derrière ces créneaux, à un pied et demi du mur, afin qu'on puisse tirer à travers; aussi, pour empêcher davantage l'ennemi de s'en approcher, on creusera un fossé de profil triangulaire en dehors tout le long du bâtiment, dont les angles seront crénelés à double et même à triple étage, étant les parties les plus foibles; la réserve doit être placée dans le vestibule.

24. Les murailles des étages d'en haut seront également percées; mais il n'y aura qu'une rangée de créneaux à hauteur d'appui. S'il y a dans un tel château des tours ou d'autres parties saillantes, par lesquelles on puisse se procurer un feu croisé, il faut y faire trois rangées de créneaux et les échafaudages nécessaires; aussi ôtera-t-on en plusieurs endroits du toit les tuiles ou les ardoises, qu'on lancera sur l'ennemi quand il en est temps, en le chauffant en même temps par ces ouvertures (1). S'il y a des galeries ou des

---

(1) On ne le pourroit que par les créneaux les plus bas; car l'ennemi, une fois à portée d'être atteint par les tuiles

6*

corridors qui communiquent d'un bâtiment à l'autre, on peut en tirer parti en couvrant les balustrades de sacs à terre, et en mettant des soldats derrière.

25. Si l'édifice est d'un grand front, et qu'il n'y ait qu'un escalier qui conduise aux étages d'en haut, il faut percer le plafond dans une ou deux chambres, et y établir de bons escaliers de communication, ou y mettre des échelles, pour que les gens qui défendent le premier étage puissent soutenir ceux qui sont au rez-de-chaussée, ou que ceux-ci puissent gagner sans difficulté le haut du bâtiment aussitôt qu'ils sont contraints de quitter leur poste.

26. Lorsque l'ennemi commence à faire agir son canon, et qu'on voit à quel endroit il se propose de faire une ouverture dans le château, il faut, dans le cas où l'on doit défendre le poste à toute extrémité, assembler des poutres, des planches, etc., avant même que la brèche soit ouverte, et en faire une coupure en forme de

---

qu'on lui voudroit lancer des toits, n'auroit plus rien à craindre des feux supérieurs... Il faudroit que les défenseurs se découvrissent trop pour être à portée d'en faire usage avec quelque apparence d'en obtenir un effet qu'on puisse compter pour quelque chose.

rentrant, derrière l'endroit que l'ennemi bat en brèche. On placera quelques hommes derrière pour recevoir ceux qui donnent assaut (1).

27. Si, malgré toutes ces précautions, l'ennemi parvient à se rendre maître du rez-de-chaussée, les soldats qui l'ont défendu se retireront au premier étage, d'où on pourra tenter encore quelque chose, ou en défendant les escaliers, ou en ouvrant le plafond en plusieurs endroits, et tirant sur l'ennemi; mais cette résistance ne sera que de peu de durée; car, étant maître du rez-de-chaussée, il mettra le feu à la maison, si la garnison ne se rend pas. La planche XXXIII représente un tel poste, qui, au cas qu'on eût tout ce qu'il faut, pourroit être fortifié de la manière suivante :

L'entrée *a*, entre les granges et la brasserie, sera masquée par un ouvrage de terre *b*, dont le parapet ait douze pieds d'épaisseur. Comme c'est ici l'endroit le plus favorable à l'ennemi pour attaquer le poste, parce que le terrain est un peu élevé, on fera, devant cet ouvrage, des fougasses *c*. L'entrée *d*, entre les granges et les

---

(1) C'est-là le cas de retirer de grands avantages des fougasses qui pourroient avoir été construites en avant des brèches.

écuries , sera défendue par un tambour *e* , par lequel, de même que par l'ouvrage *b*, on se sera déjà procuré un feu croisé à deux lignes. Devant ce dernier tambour, où il y a un terrain un peu bas , on creusera des trous de loup *f*; les portes des granges *g* seront barricadées et couvertes en dehors par des fossés de profil triangulaire *h*. Le potager *i* étant fermé par des haies *l*, on les coupera tout-à-fait pour avoir la vue libre ; le mur *m*, qui ferme ce potager du côté de la basse-cour, sera crénelé et échafaudé, et sa porte barricadée. Le jardin fruitier *n* est également fermé du côté de la grande place par une muraille *o*, avec laquelle on fera la même chose; en dehors, ce jardin est entouré de haies vives *p*, contre lesquelles on jettera de la terre en forme de parapet *q* : ces lignes seront flanquées par le feu qu'on pourra faire de la maison du concierge : de la maison de plaisance *r*, et de l'ouvrage de terre *b*. On barricadera aussi l'entrée *s*, et on fera des créneaux des deux côtés dans le mur; mais il n'est pas nécessaire de masquer cette entrée par une flèche ou par un tambour, l'ennemi ne pouvant s'en approcher qu'en passant une digue étroite , faite à travers des marais ; cependant cette digue sera embarrassée en plusieurs endroits *t* : aussi fermera-t-on les écluses, jusqu'à ce que le ruisseau *u* se déborde et inonde les prairies qu'on voit dans le jardin fruitier. Tous les bâtimens économiques, savoir, les écuries, les granges, la brasserie et la maison du concierge, seront crénelés et échafaudés.

Le château qui a deux ailes, est fermé par devant par une muraille x, qui sera aussi percée par des créneaux : la porte cochère, par laquelle on gagne la cour du château, sera masquée par un tambour z, afin que, lorsque la garnison est contrainte d'abandonner les bâtimens et les postes avancés, on puisse de ce tambour assurer sa retraite au château : mais il y aura un toit de planches sur lequel on jettera de la terre ; car, sans ce toit, le monde destiné à défendre le tambour ne pourroit pas tenir contre le feu que l'ennemi fera du grenier, des écuries et de la maison du concierge, qu'il occupera dès que ces bâtimens seront abandonnés. Le château a trois entrées A, B, C, qu'on barricadera toutes ; au reste, on voit dans la planche que tout le poste est fait de façon qu'en faisant des créneaux aux endroits convenables, il y aura un feu croisé partout. Il faudra encore couper les haies du parc D, tout comme les arbres qui y sont, pour que l'ennemi ne puisse s'approcher à couvert de ce côté.

28. Dans toutes ces occasions, il faut ménager

la poudre autant que possible, et ne pas la tirer sans effet et quand l'ennemi est encore trop loin (1), mais attendre qu'il se soit bien approché ; car, du moment qu'on manque de munitions, la garnison est obligée de subir la loi qu'on lui impose : aussi l'officier qui commande dans un tel poste, aura soin que son détachement ait des vivres pour quelques jours, pour qu'il ne soit pas réduit par la faim à accepter toutes sortes de conditions (2).

---

(1) Si cependant on avoit plusieurs excellens tireurs, comme sont en général les chasseurs prussiens et hanovriens, et comme nous pourrions en avoir en France, on pourroit faire usage de leur feu, ménageant celui du gros de la troupe, et leur recommander surtout de s'attacher sur l'artillerie de l'ennemi. Ils le feroient avec plus de succès s'ils étoient armés d'amusettes.

(2) Il est presque impossible de soutenir des postes comme ceux dont l'auteur vient de parler, sans artillerie ; ce sera désormais la première chose dont il faudra se pourvoir. Si l'on n'en avoit pas pour opposer à celle dont l'ennemi ne manquera pas de se servir, toutes les précautions, tous les moyens indiqués par l'auteur ne serviroient de rien. On ne sauroit trop le redire, l'artillerie est tellement multipliée, elle est déjà si mobile, on peut encore tellement ajouter à cette mobilité, qu'il y a lieu de présumer que désormais peu de détachemens se mettront en campagne sans être appuyés de quelques bouches à feu. Si l'on s'en munit pour l'attaque, il faudra bien faire de même pour ajouter aux divers moyens de défense.

L'artillerie étoit déjà tellement multipliée dans les armées

29. Il est sûr et constant que tous ces postes, dont on vient de faire mention, ne sont pas faits pour y soutenir un siége; car aussitôt que l'ennemi se sert de son canon, l'affaire est ordinairement décidée en peu de temps et en sa faveur : mais il y a deux cas où il faut se défendre jusqu'à la dernière extrémité; c'est quand les ordres qu'on a reçus portent de tenir bon, coûte qu'il coûte, ou quand il y a espérance d'être secouru bientôt; alors un homme d'honneur ne s'embarrassera pas des suites, et se défendra au risque de tout ce qui en peut arriver.

---

prussiennes, russes et autrichiennes, lors de la guerre de sept ans, qu'il paroît surprenant que M. de Gaudi n'ait pas tenu compte, plus qu'il n'a fait, de cette importante considération.

Il nous semble que désormais il faudra bien peu compter dans la fortification de campagne sur les villages, les châteaux, les maisons, etc., et qu'on ne pourra guère employer que de bons retranchemens, de bons fortins, ou de bonnes redoutes en terre; on y pourra construire pour corps-de-garde ou abris, suivant le temps et les matériaux dont on pourroit disposer, de bons *block hauss* en bois de brin ou rondins, ou mieux encore des logemens en pizé; les uns et les autres garantis du canon de l'ennemi par de bons parapets bien élevés et suffisamment épais.

CHAPITRE VI.

Projets pour fortifier les Villages.

LES raisons pour lesquelles on fortifie les villages, sont aussi différentes. Dans les cas où ils ne sont pas bien éloignés du camp, c'est pour empêcher les troupes légères de l'ennemi de s'en approcher, ou pour en faire un poste avancé le jour d'une bataille, ou pour y appuyer une aile du camp, ou, si c'est en quartier d'hiver ou de cantonnement, pour se mettre à couvert des surprises et être en état de se défendre. Quelque raison qu'on ait de fortifier un poste semblable, il faut observer ce qui suit (1) :

1. Avant toute chose, il faut bien reconnoître le terrain d'alentour, et examiner s'il y a dans

---

(1) En général, les villages sont de mauvais postes, à quelques exceptions près, principalement quand ils sont construits comme j'en ai vu tant en Allemagne, dont les maisons sont en bois de sapin et les toits en chaume; ce qui les rend très-faciles à être incendiés par les obus. (L'auteur, ou son traducteur, les appelle *grenades royales.*)

le voisinage des bois par lesquels l'ennemi pourroit se glisser sans qu'on en ait connoissance ; si le village est dominé par des hauteurs ; si les chemins qui y conduisent et les avenues sont faciles ou non ; s'il y a des ruisseaux qui passent par l'endroit même ou à côté ; quels sont leurs bords ; s'ils peuvent causer du mal au cas qu'ils se gonflent ; comment la garnison peut être soutenue, et comment elle peut faire sa retraite. Il faut faire toutes ces considérations avant de prendre aucune mesure, afin qu'en connoissant exactement le terrain, on puisse en tirer parti. Un profond ravin, par exemple, dont la pente est roide, un ruisseau à bords escarpés et hauts, une inondation à faire, un marais impassable, un terrain bas et coupé par des fossés, et d'autres avantages que la nature fournit, couvrent souvent mieux un poste que tous les ouvrages et tous les efforts de l'art (1).

---

(1) Ce que l'auteur dit dans cette section 2 du chapitre 6 est de la plus grande utilité : on doit voir combien, avec raison, il met d'importance à la reconnoissance et à l'examen militaire de la constitution topographique des sols sur lesquels il s'agit d'opérer. Quant aux grands principes de cet art de la reconnoissance des sols, il faut consulter ce que nous disons de la topographie militaire dans nos Nouveaux Élémens de Fortification.

2. Les maisons étant maçonnées et couvertes de tuiles ou d'ardoises, de sorte qu'on puisse y être passablement en sûreté contre le feu, il sera avantageux de créneler celles qui bordent les issues du village, et généralement celles qui sont du côté des champs; mais quand les bâtimens sont de bois ou couverts de chaume, il ne vaut pas la peine de les mettre en état de défense; et le parti qui reste à prendre alors, est de faire beaucoup d'ouvrages de terre. Dans ce cas, il faut tâcher de se procurer partout un feu croisé, et d'éloigner les lignes des maisons, en sorte que si par hasard le feu s'y mettoit, on ne soit pas forcé d'abandonner les ouvrages à cause de la chaleur.

3. Lorsque le village est situé dans la plaine, devant le front d'une armée, ou devant une de ses ailes, et qu'on veut en faire un poste le jour d'une bataille, il faut faire bien aplanir le terrain en arrière, c'est-à-dire vers l'armée, combler les chemins creux et les fossés qui s'y trouvent, ou faire au moins de bonnes communications à travers, couper toutes les broussailles et les haies qui sont sur le chemin; enfin lever tous les obstacles, pour que le détachement qui doit défendre le village puisse être soutenu par des troupes de la ligne, et cela avec la plus grande vitesse et commodité; mais, du côté de

l'ennemi, il faut tâcher de lui rendre l'approche bien difficile, et pour cet effet, couper ou ruiner tous les objets derrière lesquels il pourroit se cacher, c'est-à-dire les haies, les buissons, les petits bois, même les arbres isolés : tout cela doit être abattu jusqu'à deux pieds de la tige, pour que l'artillerie qui se trouve dans les ouvrages puisse tirer avec succès sur l'ennemi au moment qu'il paroît. S'il y a du temps de reste, on fera de profondes coupures dans les chemins par lesquels il doit passer; s'ils sont bordés d'arbres, on les coupera; on fera des trous de loup, on creusera des fossés, etc., le tout pour que l'ennemi ne puisse approcher nulle part serré et en ordre, mais débandé; et alors on peut presque être sûr que son attaque sera infructueuse.

4. On ne sauroit donner des règles pour la figure des retranchemens par lesquels on fortifie ces villages; car il n'est pas possible qu'on puisse en construire de réguliers, le terrain en décidant uniquement ; c'est lui qui prescrit l'emplacement de chaque ligne à ceux qui sont en état d'en juger (1); et tout ce qu'on peut dire à ce

---

(1) On voit encore ici combien l'auteur fait sentir jusqu'à quel point il est important d'assujettir le genre de fortification et système de défense aux diverses formes topographiques

sujet est de recommander des feux croisés, qu'il faut se procurer, s'il est possible, à chaque occasion. Lorsque l'on trouve des haies vives, il faut les couper à quatre pieds de hauteur, faire un fossé en arrière, et au-delà du fossé élever le retranchement à l'ordinaire : cet obstacle, sur le bord d'un fossé, est presque insurmontable. S'il y a des chemins creux parallèles au poste qu'on veut défendre, et dans un éloignement convenable, on y fera des banquettes. Il faut enfin profiter de tous les avantages qui, avec un peu de pratique, sauteront aux yeux d'un homme de génie : mais s'il n'y a pas de ces chemins creux, ou si les jardins du village sont si petits, qu'on ne puisse pas se retrancher et se maintenir derrière les haies, crainte du feu que l'ennemi pourroit mettre aux maisons, on avancera davantage les retranchemens, qui ne seront composés que de grandes flèches, construites de distance en distance, et dont le parapet aura douze pieds d'épaisseur; on les joindra par des lignes, et on y mettra beaucoup d'artillerie, ce qui rendra un tel poste très-respectable. S'il y a du temps de reste, on travaillera à rendre l'attaque de l'ennemi plus difficile par des palissades,

---

qui modifient les sols d'une manière si prodigieusement variée.

des chevaux de frise, des abatis, des trous de
loup, des fougasses, etc. Tout cela doit être
mis en usage aux endroits les plus foibles; aussi
fortifiera-t-on le cimetière et l'église, au cas que
ces postes y soient propres; enfin, plus on présente d'obstacles à l'ennemi, plus doit-on espérer de résister à son attaque; car il faut compter qu'on ne manquera pas de troupes ni de
renforts au jour d'une bataille, l'armée étant
tout près; par conséquent il n'y a pas à craindre
qu'on fasse trop d'ouvrages. Les flancs des retranchemens seront très-bien appuyés, mais on
ne fera aucune ligne à dos; car si l'ennemi se
rendoit le maître du poste, et s'opiniâtroit à le
défendre, combien n'en coûteroit-il pas pour
le déloger (1), s'il y avoit des fortifications à
dos du village : il faut même couper les haies
des jardins qui sont du côté de l'armée, pour
qu'il ne puisse pas se cacher derrière, et que le
secours qui vient de la ligne ne soit aucunement
arrêté.

On trouvera l'explication de tout ce qu'on

---

(1) Mais alors, si l'ennemi se maintient dans ce poste, il
ne pourroit employer toutes ses troupes à suivre ses premiers
avantages, et l'on pourroit avoir le temps de regagner ailleurs,
et d'une manière même avantageuse, ce qu'il auroit acquis
sur ce point.

vient de dire dans la planche XXXIV. Le village est situé dans une plaine et devant l'armée, qui est éloignée de six cents pas a : le front du retranchement consiste en trois flèches $b\ \dot{c}\ d$, jointes par des lignes ; il y a devant les ouvrages qui couvrent le flanc gauche e , des trous de loup f : la ligne g , qui traverse des prés marécageux h , est rompue plusieurs fois i , et le bouquet de bois l coupé , afin que l'ennemi ne s'approche pas du poste à couvert. L'attaque étant plus facile au flanc droit , parce que tout y est plaine , on ne s'est pas contenté d'y élever des ouvrages de terre m , mais on y a encore assemblé des arbres en forme d'abatis n , et cela sous le feu de la mousqueterie du retranchement, dont les lignes sont élevées , autant qu'on a pu le faire, derrière les haies vives o , qui ferment les jardins ; mais on a été obligé d'avancer les ouvrages en p , et de s'éloigner de ces haies , de crainte d'être trop près des maisons , et exposé au feu, s'il prenoit. A dos du village , tout est resté ouvert ; on y a même coupé les haies des jardins , pour que la communication avec l'armée devînt plus libre.

Mais il faut prendre d'autres mesures en fortifiant des villages si éloignés du camp, que l'ennemi peut s'en rendre maître avant qu'on puisse être secouru ; car alors il faut les retrancher tout à l'entour. Que si, au contraire, une aile de l'armée étoit appuyée à un tel poste, il faudroit préférablement mettre le flanc en sûreté et en bon état de défense, y prolonger les ouvrages et les bien appuyer, afin que l'ennemi ne trouve point occasion de les tourner.

5. Si c'est en quartiers de cantonnement qu'on veut fortifier un village situé dans la plaine, il faut s'y prendre d'une autre façon, car alors on n'a pas de monde pour le défendre. Si par hasard il y en avoit assez, on se retranchera de la manière susdite, et on se couvrira également à dos par des flèches, entre lesquelles on fera des lignes; mais la garnison ne suffisant pas à cela, il faut se borner à faire ce qui est indispensablement nécessaire, et jamais plus qu'on ne peut défendre. Dans ce cas, on se contentera de masquer les entrées par de petits ouvrages ou par des barricades; on construira encore par-ci par-là des flèches auxquelles les haies des jardins serviront de communication. Que si le village étoit situé sur une hauteur ou sur un autre terrain difficile, on le fortifiera avec moins de peine, le poste étant déjà respectable par son assiette, et on peut omettre alors bien des choses dont on ne pourra pas se passer dans la plaine.

7

6. S'il n'y a pas la moindre proportion entre l'étendue du village et le nombre de la garnison, et qu'elle soit trop foible, il faut se borner à fortifier et à défendre une partie, et séparer le reste des maisons par des lignes; on est même forcé quelquefois à les brûler ou à les démolir, pour que l'ennemi ne puisse pas s'y établir, et s'approcher à leur faveur de la partie retranchée (1).

7. Mais si la garnison n'est même pas assez forte pour défendre une partie du village, il faut se borner à la fortification du cimetière et de l'église, ou du château s'il y en a; et si l'un ou l'autre y est propre, alors la garnison gagnera ce poste à la première alarme; mais il faut qu'elle puisse le faire en sûreté et sans que les soldats soient coupés en chemin. Cette précaution est doublement nécessaire dans ces longs villages, si ouverts, que même la cavalerie peut y entrer partout; pour cet effet il faut non-seulement embarrasser les entrées ordinaires, mais aussi répa-

---

(1) Alors, en brûlant une grande partie d'un pareil village, indépendamment du tort qu'on fait aux habitans, on diminue les ressources du cantonnement, et l'on se prive de la facilité de ne pouvoir loger, en cas de besoin, de nouvelles troupes, s'il devenoit nécessaire de se renforcer dans cette partie.

rer les haies des jardins et boucher toutes les
ouvertures qui s'y trouvent; ce qu'on pourra
faire fort facilement au moyen de quelques poteaux qu'on plantera, et sur lesquels on clouera
de longues perches; cela suffira pour empêcher
que la cavalerie ennemie n'y entre si vite : ce
n'est que d'elle qu'on a à craindre dans ces occasions; car l'infanterie ne pourra guère arriver sitôt, que la garnison n'ait déjà gagné son poste, à
moins qu'on ne soit entièrement surpris. Quand
on a des raisons de craindre une attaque, on
fera bien de ne laisser les soldats dans les quartiers que pendant le jour, et de les assembler
pendant la nuit dans le poste retranché, ou au
moins dans les maisons les plus voisines, et d'or-
donner que personne ne se déshabille.

8. Il y a cependant des villages qui ne sont
nullement faits pour être défendus; ce sont ceux
dont les maisons sont éparpillées dans des vallons
longs et étroits, bordés des deux côtés de hautes
montagnes, et entourés de gorges et de bois,
par lesquels l'ennemi peut arriver sans qu'on en
soit prévenu, pl. XXXV. Il n'est pas possible de
se défendre avec succès dans un pareil poste, et
les meilleurs arrangemens n'aboutiroient à rien.
Tout ce qu'on peut faire dans ces occasions est
de ne pas loger des soldats dans la partie du
village qui est du côté de l'ennemi a, mais d'oc-

cuper seulement les quartiers qui sont en arrière *b*, de les séparer des autres par une coupure de terre *c*, et de bien fermer et barricader
tous les chemins et gorges; en même temps on
élèvera une bonne redoute *d*, à côté du village,
sur une hauteur qui n'est pas dominée; on y entretiendra toujours une garde, et le canon y restera aussi. Ce poste sera le rendez-vous de la
garnison, qui, au cas qu'il y ait quelque attaque
à craindre, sera assemblée tous les soirs dans les
maisons les plus voisines de la redoute; aussi,
pour que les soldats puissent gagner le poste en
sûreté, on fera une communication large de
quatre pieds, d'une double rangée de palissades, qui règnera depuis les maisons où la garnison s'assemble le soir, jusque dans la redoute
même *e* : ces palissades seront placées à autant
de distance les unes des autres qu'on puisse y
passer un fusil : la communication étant longue,
on fera au milieu une place d'armes *f*, pour se
procurer un feu croisé (1).

---

(1) L'auteur, dans cette section 8 de son chapitre 6, se rap-
proche de l'opinion que nous avons déjà manifestée. Si dans
cette redoute il y a un ou plusieurs grands *block hauss*, ou
logemens en pizé, il pourra toujours y avoir une forte partie
du corps qui sera cantonné; ce qui formera une réserve bien
propre à appuyer la retraite, dans cette redoute, du reste de la
troupe.

9. On n'est pas fort heureux dans un tel quartier de cantonnement; mais il faut savoir se tirer d'affaire : les ordres qu'on a décident sur la défense qu'il faut faire; et si par hasard on n'en a pas reçu, ce seront les circonstances qui règleront la conduite de l'officier qui y commande. Que si un tel village étoit uniquement occupé pour que les autres quartiers soient avertis de ce qui se passe, ou si on y avoit mis quelque infanterie pour soutenir seulement les postes avancés de troupes légères contre de petits détachemens ennemis, l'officier à qui on a confié le commandement dans ce poste, serviroit mal l'état, si, sans avoir la moindre espérance d'être secouru, il s'avisoit de se défendre jusqu'à la dernière extrémité contre des forces très-supérieures à son détachement, contre tout un corps, par exemple, qui viendroit l'entourer, et s'il vouloit sacrifier tout son monde sans rime ni raison et la moindre apparence de se soutenir. Cependant il doit être bien scrupuleux en examinant ce qui marche à lui, et ne pas s'en tenir au rapport de chaque déserteur ennemi, ou à celui que fera une patrouille dispersée; mais ne se fier qu'à ses propres yeux. Que si, au contraire, il y avoit d'autres quartiers à certaine distance de son poste dont il pût espérer du secours, il doit tenir ferme jusqu'au dernier homme, et risquer le tout pour le tout. Il ne manquera pas de faire la

même chose lorsque le poste est établi pour
défendre un défilé ou un autre passage, ou pour
arrêter l'ennemi, et donner par là le temps aux
quartiers qui sont plus en arrière de s'assembler : dans ces cas, il ne faut jamais croire que
l'ennemi soit trop fort, ni le poste qu'on occupe
trop foible (1).

---

(1) L'auteur auroit dû ajouter que, s'il y a d'autres quartiers à certaine distance du poste menacé, le commandant
doit avoir eu soin de faire connoître sa situation aux chefs
de ces différens quartiers, de leur demander du secours, et
même de leur faire connoître sur quel point il dirigera sa retraite, s'il est forcé de prendre ce parti.

CHAPITRE VII.

De la Fortification d'une Ville ou d'un Bourg.

C'EST encore dans des vues différentes qu'on met ces sortes de postes en état de défense. C'est ou pour y former un magasin et le mettre à l'abri d'une insulte, ou pour assurer la communication avec un autre endroit, où pour masquer un défilé et en disputer le passage à l'ennemi, ou pour faire de la ville un quartier de cantonnement ou d'hiver. Quelle que soit la raison de fortifier un tel poste, il faut que les arrangemens qu'on va prendre en conséquence soient précédés par l'examen de quelques articles; savoir, si l'on a à craindre quelque entreprise prochaine de la part de l'ennemi, de quel côté il peut s'approcher le plus facilement, en combien de temps on peut avoir des nouvelles de sa marche, et en combien on peut être secouru (1).

____

(1) Pour faire convenablement un pareil examen, il faut parfaitement connoître le pays. L'art de bien faire les reconnoissances est ce qu'il y a de plus propre à donner une

Quand on est en danger d'être surpris, quand on ne doit pas s'attendre bientôt à un renfort du camp de l'armée, ou des quartiers voisins, et quand les ordres portent de défendre le poste jusqu'à la dernière extrémité, on ne peut pas faire trop d'arrangemens pour sa fortification : le terrain, l'assiette de l'endroit même, l'état de ses murs et bâtimens, fixent dans ce cas, comme dans les autres, la façon de s'y prendre ; et on observera ce qui a été détaillé en partie plus haut. Lorsque les ordres portent de ne pas abandonner la ville, coûte qu'il coûte, mais d'y attendre tout événement, il faut avoir soin de ce qui suit :

1. On demandera aux magistrats une liste de tous les habitans, et un état des provisions de bouche qu'il y a dans la ville : s'il y a des personnes suspectes d'avoir des intelligences avec l'ennemi, il faut les faire partir tout de suite ; et lorsque l'endroit est en pays ennemi, il faut ôter aux habitans toutes les armes, et leur défendre de paroître en rue sous peine de vie, au cas qu'il y ait de l'alarme pendant la nuit ; mais enjoindre à chacun de rester dans sa maison, de la tenir

---

prompte et parfaite connoissance des diverses régions d'un pays ; on ne sauroit trop le redire.

fermée à clef, et de mettre de la lumière aux fenêtres.

2. On prendra, des vivres trouvés dans la ville, une portion suffisante pour nourrir la garnison pendant quelques jours, et ces provisions seront gardées dans une église, château ou maison maçonnée; enfin, dans un bâtiment qui ne soit pas sujet à prendre aisément feu, et qu'on mettra d'abord en état de défense. On ne touchera à ce petit magasin que lorsque l'ennemi aura bloqué ou attaqué la ville, et qu'il n'y a plus moyen de faire entrer d'autres vivres. Quand on n'en trouve pas assez dans l'endroit même, il faut d'abord en faire chercher aux environs, précaution très-essentielle; car quelquefois le secours n'arrive pas sitôt, et il faut l'attendre une couple de jours; il faut donc avoir de quoi vivre pour n'être pas contraint par la faim d'accepter une capitulation.

3. Lorsque la ville est située dans une plaine, que les murs en sont bons, et qu'elle n'est point commandée, il faut faire les dispositions suivantes : Toutes les portes du côté de l'ennemi seront barricadées par de grosses poutres, derrière lesquelles on placera de grandes caisses de

bois ou de grands tonneaux, qu'on remplira de terre ou de pierres; mais s'il n'y a ni caisses ni tonneaux, on adossera aux portes des tas de fumier aussi hauts qu'il sera possible : en dehors, on plantera des palissades bien fortes, dont l'approche sera défendue par un fossé profond et de profil triangulaire. On assemblera devant ce fossé de grands arbres avec leurs branches, qu'on embarrassera les unes dans les autres; c'est alors qu'on peut être assez sûr que l'ennemi ne pénétrera pas par une telle porte. On en laissera ouvertes une ou deux qui conduisent à l'armée, pour que la communication reste libre; cependant on assemblera tout près de ces portes autant de matériaux qu'il en faut pour les barricader au moment que l'ennemi s'approche : aussi pour pouvoir faire bien tranquillement cette dernière besogne, ne pas être interrompu pendant le travail, et se mettre généralement à l'abri des surprises, on masquera ces portes par des flèches ou par des tambours, et on y laissera des ouvertures assez grandes pour qu'un chariot y puisse passer; mais on n'oubliera pas d'assurer ces entrées ou par des portes crénelées, ou par des barrières hérissées, c'est-à-dire, faites comme des chevaux de frise, et qu'on baisse et lève, et qu'on ferme au cadenas : s'il y a des canaux qui sortent de la ville sous le mur, il faut les fermer

par des grilles de fer, et y mettre des sentinelles (1).

4. Quand on a pourvu à la sûreté des portes,
il faut commencer à mettre le mur de la ville en
bon état de défense. Là où il est endommagé ou
ouvert, on le fera réparer ou avec de la maçonnerie ou avec des poutres: s'il y a du temps assez, on fera des échafaudages tout à l'entour,
sinon on se contentera d'en faire des deux côtés
de chaque porte, où il faut préférablement qu'il
y en ait, et puis aux angles du mur et aux endroits les plus foibles: c'est là qu'il est même
nécessaire qu'on fasse deux rangées de créneaux,
ouverts en dehors de six pouces, et en dedans
de vingt, pour que plusieurs hommes à la fois
puissent y passer leurs fusils et tirer. La hau-

---

(1) Il ne faut pas même négliger les égouts. Un militaire
doit, en pareil cas, se rappeler la surprise de Crémone par le
prince Eugène ; surprise qui eût eu les suites les plus désas-
treuses pour l'armée française, sans le grand courage de la
garnison, sans l'extrême et rare fidélité des Irlandais qui
étoient de garde à la barrière du pont, et peut-être sans
l'heureux événement qui rendit le maréchal de Villeroi le
prisonnier des Impériaux. Débarrassé de ce général inepte,
timide et incertain, le soldat français put se livrer à toute la
fougue de la valeur nationale, prendre son parti d'après les
circonstances, et n'être pas entravé par des ordres insuffi-
sans.

teur de ces créneaux sera en dedans de deux pieds et demi, et en dehors de trois et demi; la base penchera un peu en dehors, afin qu'on puisse bien découvrir l'ennemi au moment même qu'il est tout près du mur. Toutes les parties saillantes de ce dernier, les tours, par exemple, qui se trouvent dans son enceinte, seront doublement, et, s'il est possible, triplement crénelées; ce qui procurera des feux croisés. Quand le mur au contraire n'est pas assez haut, on fera seulement des banquettes derrière, comme on l'a dit à l'occasion des cimetières. Il y aura jour et nuit des sentinelles sur les échafaudages, et on en formera une chaîne tout à l'entour du mur: le canon sera placé aux endroits où il paroît que l'ennemi puisse faire son attaque avec le plus de facilité, et il est nécessaire qu'on y fasse provisionnellement des échafaudages ou des élévations de terre, ou des embrasures dans le mur, pour pouvoir se servir de son artillerie avec avantage et en plusieurs endroits.

5. S'il y a à côté et près de la ville une petite rivière ou un ruisseau, on tâchera de faire des digues à travers, pour en arrêter le cours et causer une inondation. Ces digues seront embarrassées par de grosses branches ou par des arbres entiers, pour que l'ennemi ne s'en serve pas comme d'un pont, ou qu'il ne les perce et

saigne l'inondation; il faut encore qu'elles soient construites de façon qu'on puisse les défendre du mur par le feu de la mousqueterie. On gagnera beaucoup par ce travail, car l'inondation faite, tout un côté de la ville sera à l'abri d'une attaque.

6. On coupera les buissons, les haies, enfin tous les arbres qui sont à la portée du coup de fusil, et à la faveur desquels l'ennemi pourroit s'approcher sans être découvert; il ne faut même pas épargner les faubourgs, mais les brûler, si le poste doit être défendu, au risque de tout ce qui en arrive. On enverra quelques hommes sur les clochers dont on peut découvrir le pays d'alentour, pour qu'ils fassent rapport de tout ce qui paroît de l'ennemi; aussi faut-il faire tout son possible pour en avoir des nouvelles par des espions. A l'entrée de la nuit on fera allumer de grands feux à cent pas du mur, et à deux cents jusqu'à trois cents pas l'un de l'autre : on les fera entretenir pendant toute la nuit par des gens nommés exprès pour cela, par des bourgeois de la ville, par exemple, et on enverra de fréquentes patrouilles; le tout pour éviter une surprise.

7. On donnera des rendez-vous à la garnison, et il n'y aura pas un homme qui ne connoisse le

sien, pour qu'il puisse le gagner au premier signe; mais si l'ennemi est bien près, ou qu'on ait des nouvelles de son approche, il ne faut pas que les soldats restent la nuit dans leurs quartiers; mais il faut les assembler dans les maisons les plus voisines de leur rendez-vous, et ne pas souffrir qu'ils se déshabillent, pour qu'ils puissent arriver vite à leurs postes lorsque le besoin l'exige. On garnira les endroits foibles avec beaucoup de monde, et ceux qui le sont moins, avec peu de monde : la grand'garde, qui, lors d'une alarme, sera renforcée comme tous les autres postes, servira de réserve.

8. Pour fortifier et défendre une telle ville, il faut préalablement examiner toutes les circonstances, et surtout les ordres qu'on a reçus. S'ils portent que la garnison y doit attendre la dernière extrémité, il faut aussi employer tous les moyens imaginables pour ne pas être forcé par l'ennemi. L'officier qui commande distinguera prudemment la fausse attaque de la vraie; il ne s'embarrassera pas de la première, et tâchera de bien recevoir l'autre. Si l'ennemi entreprend de forcer une des portes, et qu'il commence à la ruiner par son canon pour risquer après un assaut, il faut, au premier moment qu'on découvre son dessein, masquer encore cette porte par des coupures qu'on fera dans un éloigne-

ment de vingt à trente pas : elles seront de bois de charpente, dont on entassera les pièces les unes sur les autres, ou on y emploiera des chariots chargés de fumier; on braquera du canon contre la porte, et on le chargera à cartouche (1); tout cela pour bien recevoir l'ennemi, si après la brèche faite il donne assaut. S'il dirige son attaque contre quelque partie du mur, il tâchera de réussir par deux moyens, ou en l'escaladant, ou en le battant en brèche : s'il cherche à pénétrer par l'escalade, on fera échouer la première de ces entreprises par des poutres, qu'on aura couchées provisionnellement sur la crête du mur, et qu'on roulera sur ceux qui montent les échelles, lorsqu'on ne peut plus les arrêter par le feu de la mousqueterie fait par les créneaux. L'autre tentative, savoir de passer par la brèche, pourra être rendue également infructueuse, en jetant dans cette ouverture des bûches et de grosses branches, et en y mettant le feu, tout comme on l'a dit au sujet de la défense d'un cimetière : on entretiendra ce feu aussi long-temps qu'on

---

(1) Si, comme cela doit être, on a du canon dans la ville, on aura dû se ménager les moyens d'en faire usage pour défendre les approches.... Dès-lors, pourquoi ne pas chercher à démonter l'artillerie dont l'assaillant se sert pour ruiner les portes, ou pour faire brèche? C'est ce que l'on peut faire de mieux.

pourra, on fera même, s'il y a moyen, des coupures derrière cette brèche, et on les garnira de troupes, pour tirer sur l'ennemi quand il donne assaut. On enverra pour le même effet du monde au premier étage et aux greniers de toutes les maisons dont on peut voir la brèche. Si on a le bonheur de repousser l'assaut, on barricadera la brèche sans tarder, ou on continuera de l'embarrasser avec du bois, auquel on mettra le feu; et si enfin on voit que tout cela ne suffit pas, et qu'il est impossible de se défendre à la longue, on songera à la retraite, qu'on fera dans l'église, le château ou la maison maçonnée, où on a assemblé le dépôt des vivres, et dont l'une ou l'autre est mise en état de défense : dans ce cas, ceux de la garnison qui ne sont pas engagés avec l'ennemi gagneront les premiers ce nouveau poste et seront suivis de ceux qui défendent la brèche, dont il ne restera en arrière que quelques tirailleurs, pour arrêter l'ennemi et couvrir la retraite des autres. Il sera avantageux alors d'avoir fait des coupures de bois de charpente, ou seulement de chariots dans les rues qui conduisent à l'église, au château, etc., où l'on veut se retirer : quelques soldats borderont ces coupures, et on n'y laissera qu'un passage pour deux ou trois hommes de front, ce qui assurera encore mieux la retraite.

Les temps et les circonstances, les provisions de bouche, les munitions, la perte qu'on a faite, l'espérance d'être secouru, ou la crainte du contraire, et principalement et avant tout les ordres qu'on a reçus ; c'est ce qui décide, lorsque les choses sont venues à ce point, sur le parti que doit prendre l'officier qui commande. Tout ce qu'on vient de dire à ce sujet ne servira pas de préceptes absolus, dont on ne puisse se départir sans compromettre son honneur, mais seulement de projet de défense désespérée, qu'il faut faire en deux occasions ; savoir, lorsque l'ennemi s'avise d'imposer des conditions ignominieuses à la garnison, et lorsqu'il y a des ordres irrévocables de se maintenir dans un poste jusqu'à la dernière goutte de son sang ; ordres qui peuvent être donnés dans la triste nécessité où il faut sacrifier un petit détachement pour sauver tout un corps.

9. Lorsque l'endroit qu'on doit défendre n'est qu'un bourg sans murailles, et entouré seulement de jardins, quelque peine qu'on se donne, le poste ne vaudra jamais rien ; ce qu'on peut faire de mieux alors est de l'entourer de flèches, qu'on élèvera de distance à autre, de façon qu'elles se protègent réciproquement par le feu : à la place des courtines on assemblera des arbres avec leurs branches, qu'on rangera en forme

d'abatis; cependant un tel poste n'est jamais bon que contre une surprise, et point du tout contre une attaque dans les formes, pour laquelle l'ennemi amène du canon.

10. S'il y a des hauteurs qui dominent une telle petite ville à la portée du mousquet, les meilleurs arrangemens qu'on pourroit y faire pour la fortifier ne mèneront à rien, et la seule chose qui reste dans ce cas, est de construire une bonne redoute sur une des hauteurs voisines, et d'y faire marcher la garnison lorsque l'ennemi s'avance, tout comme on l'a dit à l'occasion de la fortification de ces longs villages qu'on trouve dans les gorges des montagnes.

CHAPITRE VIII.

Moyens de faire des Inondations.

On a détaillé plus haut, en différentes occasions, les avantages que peut fournir un ruisseau
dont on a arrêté le courant, au point qu'il se
déborde et inonde des deux côtés le terrain par
lequel il coule : on gagne par là d'en rendre les
gués impraticables, et de couvrir si bien les
postes qui en sont à une certaine distance, que
l'ennemi ne peut pas les attaquer du côté où
l'inondation est faite. On y parvient par des digues, à la construction desquelles il faut observer ce qui suit:

1. Si le ruisseau coule dans un terrain parfaitement uni, et que ses bords ne soient pas plus
hauts que le terrain même, pl. XXXVI, fig. 1, on
fera des digues des deux côtés, longues de
trente à quarante pas, larges de cinq pieds, et
hautes d'autant *a* et *b* ; on les revêtira de fascines du côté d'où le ruisseau vient, mais de
l'autre, il n'est pas nécessaire. Cela achevé, on
fera une digue à travers le ruisseau même; tra-

8*

vail pour lequel on se sert de fascines, au cas qu'il ne soit profond que de trois à quatre pieds: on fera de ces fascines un lit de six à huit pieds de largeur, les attachant avec des piquets, ou en les chargeant avec des pierres, afin que le courant ne les emporte pas. Si le ruisseau est plus profond, il faut enfoncer à travers deux rangées de poteaux, forts de quatre à cinq pouces, et l'un tout près de l'autre c et d; alors on y jettera de la terre et des pierres, jusqu'à ce que le coffre e, formé par les deux rangées de poteaux, et qui doit être large de huit pieds, soit bien rempli; le ruisseau ne pouvant pas, à cause de la dernière digue, couler dans son lit naturel, et se trouvant arrêté encore par les digues a et b, il inondera tout le terrain f, et cherchera d'autres passages g et h à côté des digues.

2. S'il n'y a que peu d'eau dans le ruisseau, en sorte que l'inondation ne puisse pas devenir assez profonde, il faut premièrement creuser sur le même terrain sur lequel on voudroit que le ruisseau se débordât, des bouts de fossés appelés des criques, profonds de quatre pieds, et larges de huit i, dont on répandra la terre des deux côtés. Ces criques seront naturellement remplies d'eau lorsque le ruisseau se déborde tant soit peu; et si même, après cela l'inond-

tion n'est guère profonde, l'ennemi ne trouvera pas moins de difficulté à y passer, ne pouvant voir ni éviter les petits fossés qu'on a faits.

On embarrassera les digues d'un bout à l'autre par des arbres qu'on y traînera avec les branches, ou on y mettra des chevaux de frise pour qu'elles ne servent pas de passage à l'ennemi.

Le ruisseau ayant beaucoup de chute, ce qu'indiquera le plus ou moins de sa rapidité, il faut que la digue qui le traverse ait pour le moins dix pieds de largeur, sans quoi le courant la ruinera bientôt; aussi cette digue sera-t-elle toujours faite là où le ruisseau est le moins profond, attention qui fera épargner bien du travail.

3. Si le ruisseau coule dans un vallon étroit, et s'il est bordé par conséquent par des hauteurs des deux côtés, pl. XXXVI, fig. 2, il faut pour le faire déborder, construire les mêmes digues, et prendre généralement les mêmes mesures qu'on vient de détailler; mais pour rendre alors l'inondation plus profonde, les deux digues attenantes au ruisseau traverseront tout le vallon, de sorte qu'il ne reste qu'une petite ouverture à leur extrémité pour que le ruisseau arrêté et se débordant trouve un autre chemin, et ne passe

point par-dessus les digues, qui alors seroient emportées en peu de temps. Ces ouvertures seront revêtues avec des fascines, pour qu'elles puissent mieux résister au nouveau cours du ruisseau; ou les digues auront beaucoup de talus à leurs extrémités, sans quoi l'eau les laveroit peu à peu, et l'inondation deviendroit moins profonde.

4. S'il y a occasion d'inonder un terrain au moyen des écluses établies sur les digues qui bordent un étang, il faut observer que les écluses ne soient fermées que jusqu'à ce que l'inondation soit faite; après cela, il les faut ouvrir, en sorte qu'il passe justement la quantité d'eau que fournit régulièrement la source du ruisseau : si l'on oublioit cela, l'eau passeroit par-dessus et emporteroit la digue.

5. C'est par ce moyen qu'on est en état de couvrir, par une inondation, une partie d'un ouvrage de campagne ou d'un autre poste situé près d'un ruisseau; mais si on vouloit que tout le front d'un camp en fût couvert, cela demanderoit plus de travail, et on seroit obligé de faire de distance à autre plusieurs digues à travers le ruisseau et à travers le terrain qui le borde des deux côtés, pl. XXXVII. Sa chute étant forte, il faut faire les digues de cent en cent pas;

sinon il suffit d'en construire dans un plus grand éloignement ; c'est uniquement la rapidité du ruisseau qui décide cela.

L'espace entre deux digues pareilles est nommé un coffre, et il faut observer de commencer ce travail du côté de la source, et continuer vers celui où le ruisseau se dégorge dans une rivière ; ce qui est expliqué dans la planche XXXVII par les numéros des digues ; car, si on s'avisoit de commencer par l'embouchure en remontant vers la source, les eaux gonflées empêcheroient le travail : au reste, il faut laisser emplir d'eau un coffre après l'autre, et continuer jusqu'à ce que tout le front du camp soit couvert par l'inondation. On embarrassera soigneusement les digues par des branches, par des arbres, par des chevaux de frise, etc., et on les masquera encore par des ouvrages de terre, dans lesquels il y aura toujours une garde, afin que l'ennemi ne prenne pas occasion de les passer pendant la nuit, ou de les percer et de saigner l'inondation (1).

____

(1) On trouvera quelque chose de bien plus détaillé et de plus complétement travaillé, sur l'article des inondations, dans l'Ingénieur de campagne de M. de Clairac : nous y renvoyons les lecteurs.

Si nous n'avions pas la crainte de trop grossir cet ouvrage,

CHAPITRE IX.

De la Construction des Fougasses.

QUAND on veut rendre un ouvrage de campagne plus respectable, on construit de petites
mines appelées *fougasses*, devant les endroits
les plus exposés à une attaque; savoir, devant
les angles saillans et les faces qui ne sont pas
défendus par des feux croisés. Ces fougasses
sont d'une grande utilité; car quand l'ennemi est
avancé, même jusqu'à quelques pas de l'ouvrage, il n'a rien gagné, puisqu'on le fait sauter en l'air, et qu'outre la perte qu'il fera de
son monde, la confusion s'emparera du reste,
d'autant plus qu'il n'aura pas soupçonné de ren-
contrer des mines (1). On n'a pas toujours des

---

nous montrerions qu'on peut encore ajouter même à ce qu'a
dit M. de Clairac sur la manière de former des inondations
en avant des fortifications passagères. Nous ne pourrions le
faire sans entrer dans des développemens que nous réser-
vons pour un ouvrage complet sur l'art des fortifications
provisionnelles et de campagne.

(1) Il faut en avoir plusieurs rangs; car, une fois que les

ingénieurs qui puissent les construire; il faut donc qu'un officier d'infanterie sache en faire lui-même; et quoiqu'à la vérité il ne soit pas obligé de connoître parfaitement toute la science des mines, ce qui l'embarqueroit dans un trop grand détail, il faut pourtant qu'il apprenne tout ce qu'il faut pour faire des fougasses; leur cons-

---

mines auroient fait leur effet, l'ennemi, certain de ne plus en avoir rien à craindre, marcheroit au retranchement avec plus de résolution, et pourroit l'emporter. Si les troupes qui se défendent derrière un retranchement en avant duquel on auroit pratiqué des mines, forment un corps un peu nombreux, et si l'on a su ménager dans le retranchement des sorties faciles pour les troupes, il ne faut pas manquer de profiter de la terreur des troupes attaquantes et du désordre où les auroit jetés l'explosion des fourneaux, pour sortir sur les flancs des colonnes d'attaque, tomber vivement sur les troupes qui conserveront encore quelque ensemble, et les disperser. On doit le faire facilement pour peu que le commandant de la sortie veuille mettre de nerf et de vigueur dans sa conduite.

En général, les défense actives sont préférables à celles qui sont purement passives. Les sorties sont ce qu'il y a de plus propre à intimider un assaillant, que le retranchement qu'il s'agit de soutenir soit ou ne soit pas défendu par des mines.

Que deviendroit un adversaire, lors même que ses premières troupes seroient déjà sur les parapets de l'ouvrage attaqué, si, sur les flancs de son attaque, ceux qui se défendent portoient rapidement une ou plusieurs plésions? Pour moi, je crois que l'impétuosité des assaillans seroit furieusement amortie et l'attaque manquée.

truction est si aisée que les règles suivantes y
suffiront (1).

1. On creusera à dix, douze, jusqu'à quatorze
pieds, au bord du fossé d'un ouvrage, un puits
qui aura trois pieds en carré, et six, sept, jusqu'à huit pieds de profondeur. La terre dans
laquelle on travaille n'étant pas solide, on étançonnera ce puits par des planches, de la même
façon que cela se pratique dans les mines mé-
talliques; pour cet effet, on prendra des planches
longues de trois pieds, on en sciera à chaque
bout la partie d'un pouce jusqu'au milieu de la
largeur, pl. XXXVIII, fig. 1, de sorte que quatre
de ces planches, jointes ensemble en carré,
forment une espèce de châssis, pl. XXXVIII,
fig. 2. D'abord qu'on a creusé deux pieds en
terre, on appliquera immédiatement au-dessous

---

(1) Il existe une grande différence entre M. de Gaudi et
M. de Clairac. M. de Gaudi veut, avec raison, que l'officier,
de quelque arme qu'il soit, s'instruise de la science des mines
et des différentes parties des fortificatious de campagne;
M. de Gaudi est un excellent officier général. M. de Clairac
semble vouloir insinuer que les ingénieurs doivent non-seulement ne devoir rien qu'à eux-mêmes, et par conséquent repousser soigneusement tout ce qui ne vient pas d'eux, etc.
M. de Clairac, quoiqu'assez bon ingénieur, étoit-il aussi
grand homme de guerre que M. de Gaudi?

de l'horizon, quatre de ces planches contre les quatre côtés du puits, afin que la terre ne s'éboule pas, et on continuera à étançonner tout le puits à mesure qu'on avance en creusant : la terre étant sablonneuse, on placera ces châssis l'un tout près de l'autre, sinon on laissera des intervalles d'un pied où il n'y aura rien : on épargnera tout cela lorsque la terre est grasse ou argileuse; car alors il n'est besoin d'étançonner le puits que justement au-dessous de l'horizon, pour que les travailleurs, en marchant sur le bord, ne fassent pas que la terre s'écroule.

2. Quand le puits est assez profond et étançonné, enfin achevé, on creusera dans son fond, du côté de la redoute ou de l'ouvrage, un trou, qui sera le réduit dans lequel on placera après une caisse remplie de poudre : cette excavation est appelée *chambre de poudre* ou *fourneau*. On l'étançonnera également avec des planches ou des morceaux de bois. La grandeur de la caisse fixera la hauteur et la largeur du fourneau en question; mais, pour épargner la peine de mesurer, on n'aura qu'à lui donner en carré la sixième partie de la profondeur du puits, de sorte que si ce dernier est profond de six pieds, le fourneau aura un pied en carré, et ainsi du reste.

3. Pour savoir combien il faut de poudre pour charger une mine, il faut d'abord examiner combien elle est profonde et quelle est la terre dans laquelle on veut travailler. Comme il suffit de six, sept, jusqu'à huit pieds de profondeur pour une fougasse ordinaire, on trouvera dans la table suivante, qui est tirée des ouvrages de *M. de Vauban*, combien on a besoin de poudre pour la charge, à proportion de la terre et de la profondeur des mines.

Il faut pour une Mine	TERRE commune.		SABLE fort.		TERRE mêlée.		ARGILE ET TUF.		TERRE FORTE mêlée de cailloux.	
	livres.	onces.	livres.	onces.	livres.	onces.	livres.	onces.	livres.	onces.
De 6 pi. de profondeur.	14	$12\frac{1}{2}$	17	14	18	$15\frac{1}{2}$	20	. . . .	23	2
De 7 . . . . :	22	$2\frac{1}{2}$	26	4	26	$5\frac{1}{2}$	27	7	31	10
De 8	34	$6\frac{1}{2}$	42	3	44	5	46	$6\frac{1}{2}$	52	9
De 9	55	9	67	8	71	10	75	13	88	. . . .
De 10	78	9	96	2	100	10	106	4	121	14
De 11	104	12	125	11	132	12	139	13	163	. . . .
De 12	132	10	161	2	170	12	180	4	208	14

4. La grandeur de la caisse doit être déter-
minée par la quantité de la poudre qu'elle doit
contenir ; mais il y a aussi une règle pour cela,
savoir , que cette caisse carrée aura précisément dans son intérieur un espace qui contienne
la neuvième partie de la profondeur du puits.
Que s'il étoit, par exemple , de six pieds , qui
font soixante-douze pouces , la caisse auroit huit
pouces en carré , etc. Le couvercle n'y sera pas
attaché , mais il faut avoir une planche qui la
couvre exactement. Au - dessus de celle qui en
forme la base , on fera une ouverture d'un pouce
et demi en carré , dans laquelle on passera un
petit tuyau de bois (1), pl. XXXVIII , fig. 3 , et
qui servira à conduire le feu à la poudre qui est
dans la caisse. Ce tuyau ne paroîtra en dehors
que de la longueur d'un pouce, mais en dedans,
il sera conduit précisément jusqu'au centre de
la caisse , pour que la poudre prenne feu dans
son centre , ce qui produira un meilleur effet.
Quand on suppose que la mine pourroit être
chargée long-temps sans qu'on la fasse sauter ,
il faut , pour garantir la poudre de l'humidité ,
poisser tous les joints de la caisse ou la tapisser
avec de la paille tressée , et l'envelopper ou dans

---

(1) On se sert pour porter le feu à une mine d'un *saucisson* de toile qu'on emplit de poudre. On place ce saucisson
dans un conduit de bois qu'on appelle *auget.*

de la paille ou dans de la toile cirée, surtout lorsque la terre est humide , et lorsqu'il y a des sources d'eau. Si le temps et les circonstances ne permettent pas de se procurer une telle caisse, on se servira de tout ce qui peut contenir la quantité requise de poudre , d'un seau, par exemple, d'une vanne , d'un petit baril; tout cela est bon pourvu qu'on puisse y appliquer le tuyau susdit. La caisse étant remplie de poudre et le couvercle mis dessus , on la fera entrer dans le fourneau qu'on lui a creusé , de sorte qu'elle y soit tout-à-fait et sans avancer dans le puits ; aussi faut-il avoir soin qu'elle ne puisse pas vaciller dans le fourneau , et , s'il étoit un peu trop large ou trop haut, on remplira ce vide par des morceaux de bois ou par des gazons : cela fait , on mettra une planche longue de trois pieds devant la caisse, de sorte qu'elle soit entièrement enfermée dans le fourneau. Il faut avoir coupé tout en bas de cette planche un morceau de trois pouces en carré, pl. XXXVIII , fig. 4 , pour laisser une ouverture par laquelle passe le tuyau qu'on a appliqué à la caisse.

5. Pour mettre le feu à la fougasse , il faut ce qu'on appelle un saucisson, qui est un long rouleau de toile ou de futaine , arrondi et cousu, ayant deux pouces de diamètre ; il sera bien rempli de poudre, de sorte qu'on emploie à peu

près une demi-livre pour chaque pied : cette espèce de traînée règnera depuis le fourneau ou la chambre de poudre jusques dans la redoute, à l'endroit qu'on nomme le foyer, et où on met le feu lorsqu'on veut faire sauter la mine. Pour que ce saucisson ne soit exposé à l'humidité, on le met dans un auget, ce qui est un petit canal fait de planches larges de trois pouces qu'on joint ensemble en carré, pl. XXXVIII, fig. 5 ; le couvercle ne sera mis dessus que lorsque le saucisson y est placé. On prendra donc, pour continuer le travail, un bout de l'auget, moins long de deux pieds que le puits n'est profond. On dressera ce bout tout droit, de façon qu'une extrémité en touche le tuyau qui sort de la caisse, et on le clouera en quelques endroits aux planches par lesquelles le puits est étançonné : on creusera après cela un fossé profond de deux pieds depuis le puits jusqu'au fossé de l'ouvrage; on mettra dans le conduit l'auget, qu'on clouera sur celui qui a été placé dans le puits : l'auget passera à travers le fossé et par le parapet, qu'on ouvre pour cela jusqu'au foyer, pl. XXXVIII, fig. 6; après cela on attachera avec de la ficelle un des bouts du saucisson au tuyau qui sort de la caisse à poudre, et on le conduira le long de l'auget jusqu'à son extrémité, en l'y attachant d'un demi-pied à l'autre par de petits clous de fer qu'on fait entrer avec des marteaux de bois;

on attachera alors le couvercle de l'auget avec des clous de bois, et on comblera le canal par lequel celui-ci passe; de même on réparera le parapet où il a été ouvert. L'auget passant, comme on a dit, à travers le fossé, on l'étançonnera là par deux ou trois piquets bien enfoncés, en l'y attachant par des clous. Dans l'ouvrage même où l'auget est couché sur l'horizon, on mettra des pierres dessus pour qu'il ne branle pas, et on l'affermira par des piquets à crochet ou enfoncés obliquement en terre. C'est ainsi qu'il faut procéder quand le temps presse; mais, s'il y en a de reste, on ne fera pas passer l'auget à travers le fossé, mais au-dessous; de sorte qu'il soit partout à deux pieds sous terre, pl. XXXVIII, fig. 7. Si la terre dans laquelle on travaille est humide, ou s'il est à supposer qu'on ne fasse pas sauter la mine bientôt, les joints de l'auget seront poissés en dedans; tout comme, dans le cas contraire, on n'a pas seulement besoin d'un auget, mais de la seule précaution de mettre de la paille bien sèche, de l'épaisseur de quatre à cinq pouces, à l'entour du saucisson.

L'auget et le saucisson étant prêts, on mettra trois à quatre pièces de bois, fortes de trois pouces en carré, et longues de trois pieds et deux pouces, contre la petite planche qui renferme la caisse à poudre dans le fourneau, et une couple de pareilles pièces contre le bout d'auget cloué tout droit dans le puits, qu'ensuite on comblera avec des gazons et de la terre bien refoulée, jusqu'à ce qu'il soit tout rempli. Quatre travailleurs ayant des pioches, et deux charpentiers, suffiront pour construire en six ou sept heures de temps une telle fougasse; supposé qu'ils aient les matériaux nécessaires.

7. Le foyer, où on met le feu à la mine, sera éloigné du parapet de huit à neuf pas, et on le garantira du feu et de l'humidité. L'extrémité de l'auget qui touche le foyer débordera de six pouces le saucisson, afin que celui-ci ne puisse être mouillé par la pluie : on coupera de l'extrémité du couvercle de l'auget une partie de six pouces, pour qu'on puisse l'ôter dans le besoin, et mettre le feu au saucisson; pour cet effet cette partie du couvercle ne sera point attachée à l'auget avec des clous, mais mise seulement dessus : on aura de la poudre pilée ou de la poudre ordinaire toute prête, et lorsque l'ennemi attaque l'ouvrage, on en répandra une poignée sur le bout du saucisson et sur le foyer, après avoir découvert l'extrémité de l'auget : l'ennemi étant enfin arrivé jusque sur le puits, on mettra le feu à la mine avec une mèche.

8. Une mine bien construite, et à laquelle on

a donné sa juste charge, fait, au moment qu'elle joue, une excavation, qu'on appelle entonnoir, et qui a la figure d'un cône ou d'un pain de sucre renversé, c'est-à-dire pointu en bas et large en haut : le diamètre de cet entonnoir, savoir, la ligne qui le partage en deux parties égales, est exactement double de la profondeur de la mine. Une mine, par exemple, qui est six pieds sous terre, donne un entonnoir dont le diamètre a douze pieds; une autre qui a dix pieds de profondeur fera un entonnoir de vingt pieds, etc. pl. XXXIX, fig. 1 et 2 (1).

9. On peut faire plusieurs de ces fougasses devant un ouvrage ; mais il n'est pas nécessaire de donner à chacune un foyer, et il suffit d'un seul pour mettre le feu à trois, quatre et plusieurs mines. Que si on veut faire jouer l'une après l'autre, on conduira de chaque puits un auget de deux pieds sous terre jusqu'à deux pieds du bord du fossé, pl. XXXIX, fig. 3, de façon qu'ils se joignent tous dans un même point; alors tous les augets seront continués l'un près de l'autre, à travers le fossé et le parapet, jus-

---

(1) Les expériences faites par Belidor ont prouvé que l'excavation d'un fourneau n'est pas un cône, mais bien un paraboloïde.

9*

que dans l'ouvrage. Il faut seulement observer dans cette occasion , de ne pas faire les augets d'égale longueur, afin qu'on puisse faire jouer les mines séparément, et qu'en mettant le feu à l'une, il ne se communique pas au saucisson qui est dans l'auget voisin. On épargne beaucoup de travail, lorsqu'on n'a qu'un foyer pour plusieurs mines , vu qu'on n'est pas obligé alors de percer le parapet autant de fois qu'il y a de puits pour faire passer les augets.

10. Mais si on vouloit faire sauter plusieurs fougasses à la fois, on cherchera, pl. XXXIX, fig. 4 , à quelques pieds du bord du fossé , un point dont tous les fourneaux soient également éloignés : c'est jusqu'à ce point qu'on conduira de chaque mine un auget avec un saucisson , dont on joindra tous les bouts en continuant après un seul auget et un seul saucisson à travers le fossé et le parapet, jusqu'au foyer. En y mettant alors le feu, toutes les mines joueront à la fois (1); mais il faut bien faire attention, en construisant plusieurs fougasses devant un

---

(1) Il ne paroit pas bien utile de se donner ces soins. Lors de l'attaque d'un ouvrage , il est facile de faire donner feu à toutes les mines qu'on veut faire sauter avec l'ensemble qu'on peut désirer pour obtenir un grand effet , sans prendre tant de précautions pour compasser les saucissons

ouvrage, de placer les fourneaux à telle distance l'un de l'autre, que l'effet d'une mine ne
dérange pas celui que doit faire l'autre, et que
les entonnoirs ne se croisent ; ce qu'on peut fort
bien éviter, en éloignant les puits les uns des
autres du double de la mesure qu'ils ont de profondeur (1).

11. Ces sortes de fougasses sont d'un très-grand
avantage quand on les construit en forme de
trèfle devant les faces, et surtout devant les angles
saillans. Pour les faire jouer à la fois, on cherchera le centre des trois fourneaux, c'est-à-dire,
le point qui est également éloigné de tous les
trois ; on conduira un auget avec un saucisson
de chaque puits à ce point, et de ce dernier
un seul saucisson au foyer, planche XXXIX,
fig. 5.

12. On fait aussi de ces mines précisément
sous le parapet d'une redoute ou d'un ouvrage
nouvellement construit, qui doit être abandonné

____

(1) Quand les entonnoirs, se croiseroient un peu, soit
parce que les fourneaux seroient trop rapprochés, ou parce
qu'ils seroient surchargés, l'effet ne seroit que plus complet.
Il faut prendre garde seulement que les mines ne s'entre-
croisent, s'il y en avoit plusieurs rangées disposées pour
jouer les unes après les autres.

dans la suite, et qui après cela pourroit être avantageux à l'ennemi, si on ne le ruinoit pas, sous les têtes de pont, par exemple, par lesquelles on couvre la retraite d'un corps. Dans ces cas on fera des puits de cinq jusqu'à sept pieds de profondeur sur le terrain sur lequel les angles du parapet doivent être élevés. Pour trouver la quantité de poudre pour une telle mine, il faut ajouter la hauteur du rempart à la profondeur du puits. Celle-ci étant, par exemple, de cinq pieds et le parapet haut de six, on prendra une charge pour onze pieds de profondeur. Le foyer d'une telle mine sera au centre de l'ouvrage, et le saucisson y sera également conduit par un auget, pl. XXXIX, fig. 6.

OBSERVATIONS

DE L'ÉDITEUR.

Il paroît que M. de Gaudi ne connoissoit pas les effets de ce que Belidor a nommé le globe de compression (1), et qu'il croyoit qu'un fourneau devoit toujours être enfoncé sous le sol, à une profondeur égale à la moitié du diamètre de l'entonnoir, paraboloïde, formé par le déblaiement des terres excavées par l'explosion des poudres.

Sans entrer ici dans un grand détail, et sans nous amuser à relever quelques petites erreurs de la table de l'auteur, erreurs qui ne peuvent beaucoup préjudicier, nous observerons que la découverte des effets du globe de compression peut grandement servir à perfectionner et à

______

(1) Il faut consulter nos nouveaux Élémens de fortification, et principalement le dictionnaire qui en fait partie. On trouvera des aperçus nouveaux tant sur l'artillerie souterraine que sur les fortifications souterraines offensives et défensives, etc.

étendre l'application des principes de la guerre souterraine à la défense des retranchemens.

D'après ce que dit M. de Gaudi, on pourroit croire que dans un sol où l'eau se trouveroit à dix ou douze pieds sous la superficie, on ne pourroit faire jouer que des mines dont l'entonnoir ne pourroit avoir plus de douze ou dix-huit pieds de diamètre, les lignes de moindre résistance ne pouvant avoir plus de six ou neuf pieds, dans la crainte de trop approcher les fourneaux de la surface des eaux intérieures.

Il n'en seroit pas ainsi. Les épreuves par lesquelles Belidor a constaté les grands effets du globe de compression, prouvent qu'un fourneau peut être, sans risque, assez surchargé pour produire une excavation dont le diamètre seroit quatre et même six fois aussi long que la ligne de moindre résistance (1).

Dès-lors on conçoit que l'on peut envelopper un ou plusieurs fronts d'un retranchement quelconque sans tant multiplier les fourneaux. On conçoit encore que les fourneaux étant plus fortement chargés, ils inspireront plus de terreur, et bouleverseront une zone plus large du sol que les troupes attaquantes auront à parcourir.

---

(1) On a déjà vu, dans l'ouvrage que l'on nommoit ligne de moindre résistance, la perpendiculaire abaissée du sol jusqu'au fourneau.

On m'objectera que souvent ce dispositif consommeroit une plus grande quantité de poudre, et j'en conviendrai.

Les fourneaux A A A en avant du retranchement 1 1 1 , pl. XVII, ne forment qu'une excavation d'un diamètre double de celle opérée par chacun des fourneaux B B B; et cependant il faut qu'ils soient chargés huit fois plus que ces derniers.

NOTA. On peut bien diminuer quelque chose de cette quantité; car la ténacité des terres oppose (*toute proportion gardée*) moins de résistance dans les grands fourneaux que dans les petits; c'est à quoi n'a pas pris garde M. de Gaudi, et c'est ce qu'on ne peut développer ici : nous ne le pouvons faire que dans des élémens généraux d'artillerie.

Mais non-seulement la zone *a a*, *bb*, remuée par le jeu de ces grands fourneaux A A A, est plus complètement bouleversée que la zone *cc* et *dd*, remuée par les fourneaux avancés B B B, mais elle est encore du double plus large, et par conséquent peut engloutir un nombre d'assaillans du double plus considérable que ceux enterrés par le jeu des fourneaux B B B, qui a lieu dans la zone étroite *cc* et *dd*.

Si l'on suppose les fourneaux B B B placés à neuf pieds sous le sol et chargés chacun de soixante livres de poudre pour obtenir une excavation de dix-huit pieds de diamètre, il faudra charger les fourneaux A A A chacun de 480 liv. , pour obtenir des entonnoirs de trente-six pieds, et en placer les foyers 2 2 2 à vingt-sept ou trente pieds des foyers 3 3 3 des fourneaux BBB. Comme, au moyen de ce que nous avons déjà observé, ils se trouveront un peu surchargés, ils remueront de nouveau une partie des terres précédemment bouleversées par les fourneaux B BB.

Si l'on avoit du temps de reste, on pourroit enterrer beaucoup de pierrailles dans l'étendue des zones que devroient bouleverser les fourneaux.

Si c'étoit la place d'entrer dans un détail plus circonstancié, détail qui ne peut convenir que dans un ouvrage sur les élémens généraux de la science du mineur et de l'artilleur, nous pourrions nous étendre beaucoup sur les nombreuses applications que l'on peut faire de l'usage du globe de compression à la défense des retranchemens. Il n'est pas inutile de remarquer que, lorsque Belidor en découvrit les propriétés, il n'en fit l'application qu'à l'attaque des places. C'est ici la première fois qu'on lui donne une destination défensive, et relative à la guerre des retranchemens provisionnels.

DESCRIPTION

RAISONNÉE

*Des Planches de supplément ajoutées par l'Auteur
à cette nouvelle édition de Gaudi.*

——

La planche I de supplément contient le plan
(fig. 1) d'une redoute carrée dont la moitié est
à crémaillère (1). Voici ce que l'on dit de cette
redoute (fig. 1) dans les Elémens (nouveaux)
de fortification de l'auteur des remarques, sup-
plémens et observations qu'on trouve dans cette
nouvelle édition de Gaudi. On avoit remarqué
que les redoutes carrées n'étoient protégées
d'aucuns feux, non-seulement vers leurs capi-

---

(1) Il s'agit ici du revers des parapets.

Il n'est pas hors de propos de prévenir les commençans
que ce mot crémaillère s'entend de plusieurs manières. M. de
Clairac, dans son Ingénieur de campagne, propose des lignes
ou retranchemens qu'il appelle en crémaillère; alors ce mot
doit s'entendre dans une toute autre acception. Cette construction de lignes en crémaillères n'est pas sans quelque
mérite.

tales, mais encore sur toute l'étendue des espaces
très-considérables qu'on voit en avant de leurs
angles. On savoit, par une expérience fréquemment observée, que dans une action vive les
soldats tirent toujours devant eux et perpendiculairement à la face de l'ouvrage qu'ils défendent. Après bien du temps, M. de Clairac imagina
de figurer le revers du parapet en dents de scie,
ou, comme il le dit, en crémaillère, comme on
le voit à la redoute A , fig. 1 , aux faces 1 et 3. Par
ce moyen, on portoit sur chacune des capitales
une colonne de feu fe d'une largeur égale à la
longueur de la diagonale de la redoute. C'étoit
quelque chose; mais il restoit toujours huit espaces entre les colonnes de feu ab et ef, etc.,
comme on peut le remarquer en B C D, etc. :
ces huit espaces étoient ensemble aussi consi-
dérables que les quatre grands semblables à celui
bic, moins l'espace battu par chacune des quatre colonnes de feu pareilles à ef. Chacune de
ces colonnes ne pouvoit avoir, dans une redoute
comme celle qui nous sert d'exemple, plus de
huit à neuf toises sur cent vingt, distance à laquelle le feu de la mousqueterie commence
à avoir de la justesse et de l'effet; ce qui donne
environ mille toises de superficie ; mais comme
chaque espace non battu est un carré de cent
vingt toises de côté, ou de quatorze mille quatre
cent toises superficielles, on voit que l'amé-

lioration proposée par Clairac , et adoptée par Gaudi, ainsi que par beaucoup d'autres auteurs français et étrangers , comme une chose excellente, ne remédie qu'à une quatorzième partie du mal. C'est bien insuffisant; et il étoit essentiel de faire mieux.

Nous avons imaginé de remédier à tous ces inconvéniens, et nous croyons avoir réussi : c'est ce dont on sera convaincu si on jette les yeux sur la fig. 2.

Cette fig. 2 représente une redoute circulaire de vingt-quatre toises de diamètre intérieur, au revers du parapet de laquelle on a pratiqué quarante-huit redans. Au moyen du développement que ces redans donnent à ce revers, on peut facilement placer deux cent quatre-vingt-huit fusiliers : les lignes de feu indiquent leur place par le point de leur origine.

Si l'on se donne la peine d'étudier les directions de ces lignes qui se croisent dans tous les sens et de beaucoup de manières, on verra qu'il n'est pas possible de marcher vers aucun des points de l'enceinte de cette redoute sans être battu directement et d'écharpe. Par ce moyen on peut, je crois, sans crainte, abandonner une redoute à ses propres forces, surtout si l'on y plaçoit quelques obusiers ou quelques canons.

Dans le cas où l'on manqueroit de monde, au lieu de placer sur chaque face des redans deux fusiliers, on pourroit n'en placer qu'un : le feu seroit moins violent, mais le terrain autour de la redoute seroit aussi complètement couvert de feux croisés.

Avec deux cent cinquante ou trois cent cinquante hommes, une pareille redoute seroit susceptible d'une très-forte résistance : avec le dernier nombre, on auroit une réserve de cinquante à soixante hommes, indépendamment de ceux qui borderoient le parapet.

Le parapet est plus épais qu'on ne le fait ordinairement aux fortifications de campagne; mais cela tient à un genre de défense intérieur qui commande cette mesure ; genre de défense dont nous ne pouvons parler que dans un ouvrage plus étendu. Quant aux redans, rien de plus simple que cette disposition, mais rien de meilleur relativement aux objets qu'il s'agit de remplir. Il est surprenant qu'on n'ait pas pensé avant nous à adapter les parapets à crémaillère à des redoutes circulaires, ni par conséquent à démontrer les avantages qu'on en pouvoit alors retirer, comme nous le faisons.

Si en avant de cette redoute circulaire il se trouvoit un défilé dont on voudroit interdire l'usage à l'ennemi, on pourroit dans le centre de la redoute élever la batterie A, dont on tourneroit la face principale C D de manière qu'elle puisse battre le défilé.

Si, pour défendre le passage d'un courant d'eau, on adoptoit une chaîne de pareilles redoutes, et qu'on voulût avoir des feux croisés, pour défendre les intervalles qui seroient entre elles, si en même temps on n'avoit pas besoin d'une grande masse de feux et de feux puissans et directs en avant de la face C D, on pourroit alors, en diminuant son étendue, allonger les parties circulaires C *a* et D *b*, et y placer une artillerie formant des batteries plus ou moins nombreuses, comme on en voit une d'un canon placée en *c* : dans cette position elle enfile l'entrée de la redoute, qu'on pourroit défendre de toute autre manière.

La gorge de la batterie est défendue par un retranchement B, formé en grosses palissades jointives. Je désirerois former, sous la masse des parapets, des galeries en bois : mieux que les *blockhauss*, elles pourroient servir de retraite à la garnison de la redoute, et de petits magasins. Ces galeries, dont les entrées se voient, en 1 et en 2, pourroient être percées de créneaux, destinés non-seulement à leur donner du jour, mais encore à mieux défendre la batterie A le long de ses faces C D, C *a* et D *b*, dans le cas où l'ennemi, par surprise ou de toute autre manière, auroit forcé la redoute ronde. Alors cette batterie rempliroit plusieurs destinations ; celle de fournir un feu de canon par-dessus le feu de mousqueterie du parapet de crémaillère; celle de fournir des logemens à l'abri de l'incendie que pourroient occasionner des boulets rouges ou des bombes dans les *block-hauss* ordinaires, ou dans tout autre logement en bois, au moyen des terres et gazonnages formant l'extrémité supérieure des parapets qui les recouvriroient; enfin de servir de défense intérieure et de réduit, en cas de surprise ou en cas qu'on se trouvât forcé par un ennemi fort actif ou fort supérieur en nombre.

Ce n'est pas ici le lieu de montrer comment des chaînes de pareilles redoutes pourroient contribuer à mettre à couvert quelque frontière que ce soit des déprédations de la guerre, en établissant une correspondance rapide ainsi qu'une réciprocité de secours entre les places de première ligne, et pouvant, non-seulement par des signaux concertés, donner, de l'extrémité d'une frontière à l'autre, avis en un instant du passage de toute troupe ennemie, si toutefois il s'en trouvoit d'assez hardies pour percer une pareille chaîne, mais encore servir de point de ralliement et d'appui à toutes les forces qu'on voudroit porter sur un point quelconque, ou à toute troupe qui pourroit être forcée de se retirer du territoire ennemi. Cependant nous hasarderons provisoirement quelques observations.

De pareilles redoutes pourroient facilement

être défendues par toutes autres troupes que
par des troupes de ligne. Ces troupes n'auroient
pas même besoin d'y être toujours ; si , comme
cela seroit facile à régler , elles pouvoient s'y
rendre au signal convenu : ce que nous prouvons
par le fait suivant.

« Pendant la guerre de 1733 , le maréchal de
Bourg., commandant en Alsace , avoit fait établir
le long du Rhin , depuis Huningue jusqu'à Lau-
terbourg , soixante et seize redoutes pour sa défense , et formé dans treize bailliages un corps
de milices de neuf mille sept cent vingt-trois
hommes chargés de la garde et de l'entretien de
ces redoutes. Ces habitans zélés se fournissoient
d'armes , de munitions et de vivres. Ce bel établissement , au lieu d'être perfectionné , fut abandonné , ainsi que les redoutes , à la paix de 1736.
On en rétablit une partie en 1743 , lorsque les
armées de Noailles et de Coigni s'efforçoient de
couvrir la basse Alsace; mais comme tout manquoit à la fois sur cette frontière, si dangereusement menacée, on y fit ce qu'on put, c'est-à-dire peu de choses utiles. Ce n'est pas quand
l'ennemi est en présence qu'il est temps de commencer à s'occuper de la défensive d'une frontière. » *(Fortif. Per.* tome II , *page* 122 et 123.*)*
Ne pourroit-on pas faire sur toutes les frontières
ce qu'on a fait sur celle d'Alsace en 1733 ? L'excellence du moyen employé *(en Alsace)* en

1733 n'est-elle pas prouvée par les efforts qu'on fit en 1743 pour la rétablir, etc.? Voilà ce qu'on peut demander, et ce à quoi nous répondons affirmativement. Nous réitérons notre promesse de développer sur cet objet un corps de doctrine militaire fort important et fort neuf.

Ceux des lecteurs qui voudront connoître plus à fond ce qu'on a écrit sur les redoutes, doivent étudier l'examen que Montalembert fait dans son second volume, des redoutes proposées par le maréchal de Saxe, ainsi que les diverses constructions *(de redoutes)* qu'il propose, d'après les mêmes proportions ou à peu près, et consulter les planches *(ainsi que les explications qui y correspondent)* I, II, III et IV du second volume de la Fortif. Perpend., et les planches I et II du quatrième volume du même ouvrage.

S'ils veulent connoître l'emploi qu'on peut faire des redoutes dans les lignes et pour les camps retranchés, il faut qu'ils consultent les pl. III, IV, V, X et XI du quatrième volume de la Fortif. Perpend. Si enfin ils veulent connoître l'emploi utile qu'on peut faire des redoutes, des lunettes et autres ouvrages de ce genre de fortifications provisionnelles, pour ajouter à la force des places de guerre ou pour suppléer à ce qu'elles pourroient avoir de défectueux, il faut consulter les planches VI, VIII et IX du même volume *(le quatrième)*. On peut consulter encore les planches XXVI et XXVII des nouveaux Elémens de Fortification , ainsi que les explications de ces planches.

La pl. II n'offre aucunes réflexions autres que celles que peuvent faire naître les observations qu'on trouve pages 65 , 66, 67 et 68 de l'ouvrage. La fig. 2 de cette pl. II contient un profil composé un peu d'après les idées de Cugnot, auteur d'un ouvrage sur la fortification de campagne, du moins quant au parti qu'on tire de la palissade plantée sur la berme.

Si en avant de retranchemens d'un pareil profil , on vouloit employer une ou deux rangées de fourneaux de mines , la meilleure position seroit celle qui les fixeroit sous l'extrémité du glacis entre la contrescarpe de l'avant-fossé , qu'il faudroit pouvoir faire alors un peu plus large , et les rangées de puits perdus qu'il faudroit rapprocher de la crête du glacis.

La pl. III représente une partie de retranchement au devant duquel il y a deux rangées de fourneaux , dont les plus grands sont surchargés (sans être plus enfoncés sous le sol) de manière à former de plus grands entonnoirs ; c'est ce que Belidor a nommé globe de compression. On ne voit du retranchement que la contrescarpe formée d'un chemin couvert ı ı (1) d'un glacis

----

(1) Cugnot n'est pas pour les chemins couverts ; il les com-

avec sa banquette 6, 6 ; 6, 6 : au-delà du glacis
est un avant-fossé à fond perdu, 5, 5; et au-delà
de l'avant-fossé sont trois ou quatre rangées de
puits perdus.

Il me semble que l'avant-fossé 5, 5, ainsi que
les puits perdus 4, 4, qui en défendent l'abord,
sont absolument nécessaires pour assurer et rendre plus complet l'effet des deux rangées de fourneaux qui sont en avant : il est surprenant même
que Gauli paroisse n'avoir fait aucune attention
aux motifs qui m'ont déterminé à admettre cette
disposition. Il faudroit même, pour pouvoir plus
complètement assurer l'effet des fourneaux BBB,
qu'il y eût en dehors et en dedans de la ligne *cc*
quatre rangs de puits perdus, comme ceux 4, 4, 4,
qui sont entre la ligne *b b* et l'avant-fossé à fond
perdu (1) 5, 5, qui assure principalement l'effet

---

bât, dans les fortifications permanentes comme dans les fortifications provisionnelles et de campagne, par de très-bonnes
raisons. Cependant il me semble que quand on a le loisir de
pouvoir bien façonner les ouvrages, et quand surtout on les
défend par des fourneaux de mines, un chemin couvert est fort
utile pour rendre la défense plus efficace et pour faciliter le
service des mines.

(1) J'apelle fossé à fond perdu celui formé par deux plans
qui se rejoignent, et forment ainsi au fond de ce fossé le
sommet d'un angle plus ou moins ouvert. On sait que dans
les fossés ordinaires l'escarpe et la contrescarpe viennent

le plus complet aux globes de compression ou fourneaux surchargés A A A.

On conçoit que si l'on suivoit à la lettre ce que Gaudi recommande, sans admettre l'avant-fossé 5, 5, non plus que les puits perdus 4, 4, un ennemi qui attaqueroit avec vigueur pourroit traverser assez rapidement la zone que doivent bouleverser les fourneaux, pour éviter les dangers que ces fourneaux sont destinés à lui faire courir ainsi que les pertes qu'ils doivent lui faire essuyer; car alors ceux qui seroient sur la défensive n'auroient pas le temps de donner feu *(aux fourneaux)* avec l'à-propos convenable.

La scène change si des obstacles, comme les puits perdus 4, 4 et un avant-fossé 5, 5, peuvent arrêter quelque temps l'assaillant. Cet arrêt lui sera d'autant plus funeste, qu'en attendant l'explosion des fourneaux, qui doivent compléter son désordre, et peut-être consommer sa perte, il seroit en butte au feu, à bout touchant, qui pourroit partir du glacis 6, 6, au moyen de la banquette 6, 6 *bis*; feu dont la violence pourroit être augmentée par celui partant du parapet du retranchement.

---

se réunir à un plan plus ou moins large, suivant le plus ou moins de grandeur des dimensions du fossé : ce qui forme le fond des fossés ordinaires n'existe pas dans les fossés à fond perdu.

En proposant, comme nous venons de le faire, de jeter en avant des rangées de puits perdus le long de la ligne *c c*, on doit concevoir que c'est dans le dessein de soumettre l'assaillant à l'effet complet des fourneaux B B B, comme l'avant-fossé 5, 5 et les puits qui le couvrent l'exposent à tout l'effet des grands fourneaux A A A.

En joignant ce que nous avons dit dans les observations qui sont à la suite du chapitre neuvième de Gaudi, les lecteurs me semblent n'avoir plus rien à désirer, relativement aux planches que nous avons cru devoir ajouter à celles dont il avoit enrichi son ouvrage.

BIBLIOTHÈQUE ROYALE

FIN.

TABLE DES CHAPITRES

SERVANT AUSSI

DE TABLE DES MATIERES.

FIN DE LA TABLE.

De l'Imprimerie de DEMONVILLE, rue Christine, n° 2.

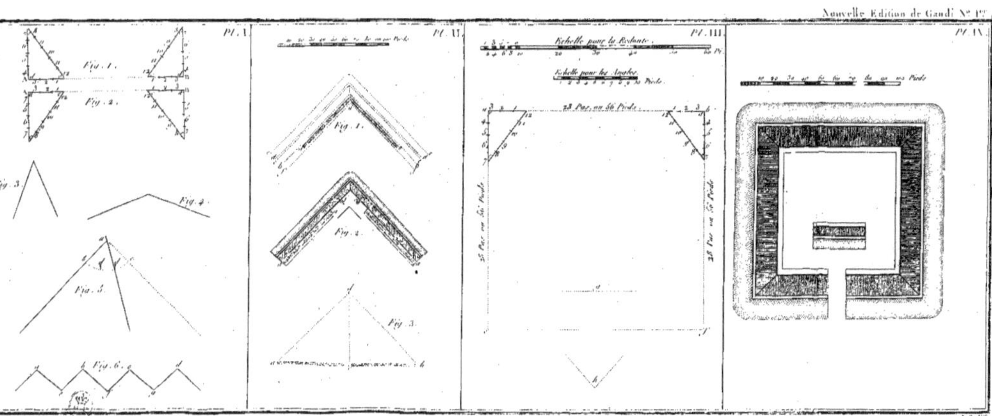
Pl. I.
Fig. 1.
Fig. 2.
Fig. 3.
Fig. 4.
Fig. 5.
Fig. 6.
Pl. II.
Fig. 1.
Fig. 2.
Fig. 3.
Pl. III.
Echelle pour la Redoute.
Echelle pour les Angles.
23 Pas ou 56 Pieds.
Pl. IV.

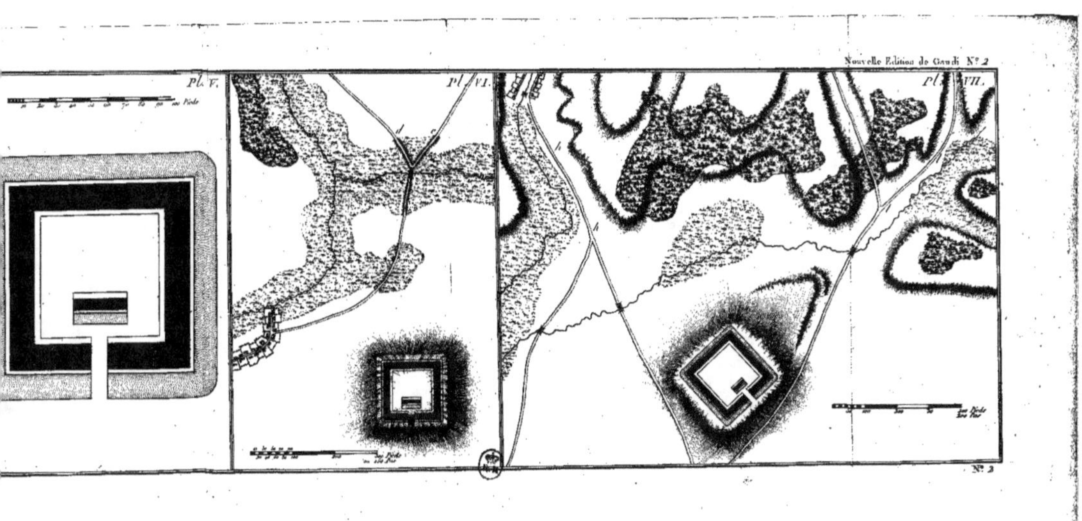

Nouvelle Edition de Gaudi N.º 2
Pl. V.
Pl. VI.
Pl. VII.
N.º 3

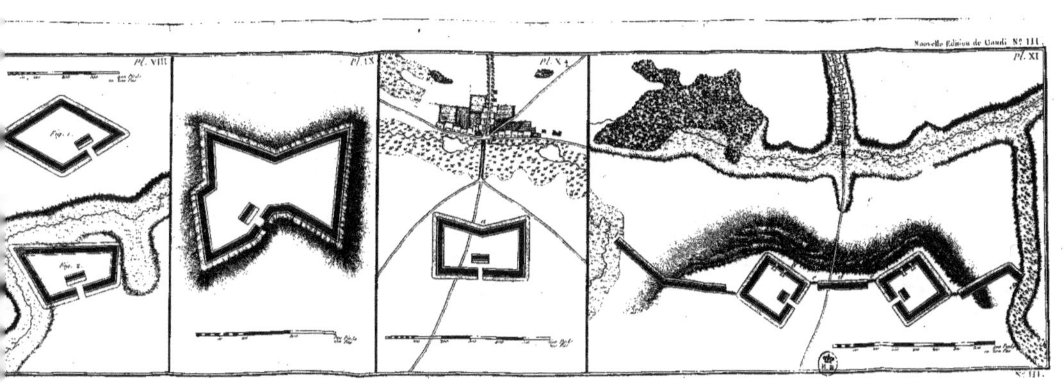

Pl. VIII
Pl. IX
Pl. X
Nouvelle Edition de Gaudi N° 111.
Pl. XI

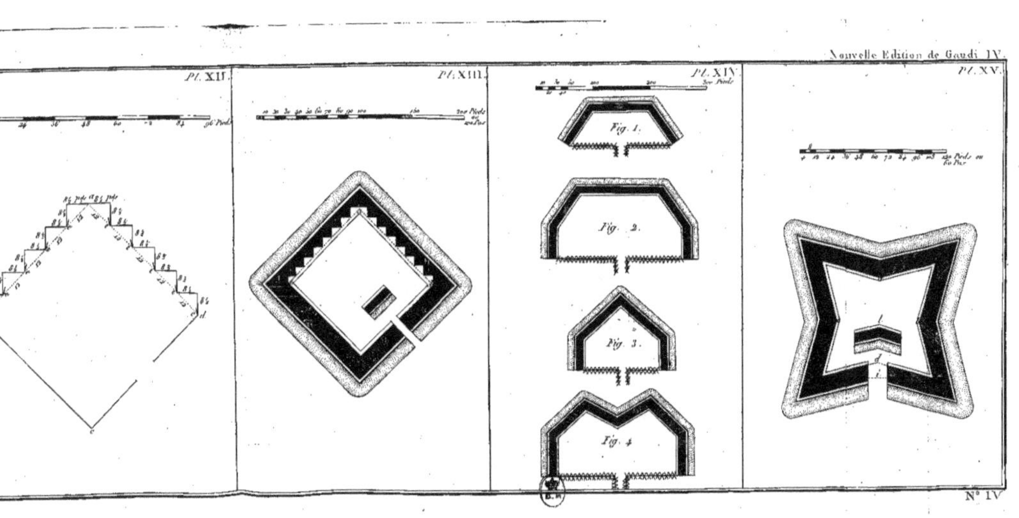
Pl. XII.
Pl. XIII.
Pl. XIV.
Pl. XV.
Fig. 1.
Fig. 2.
Fig. 3.
Fig. 4.

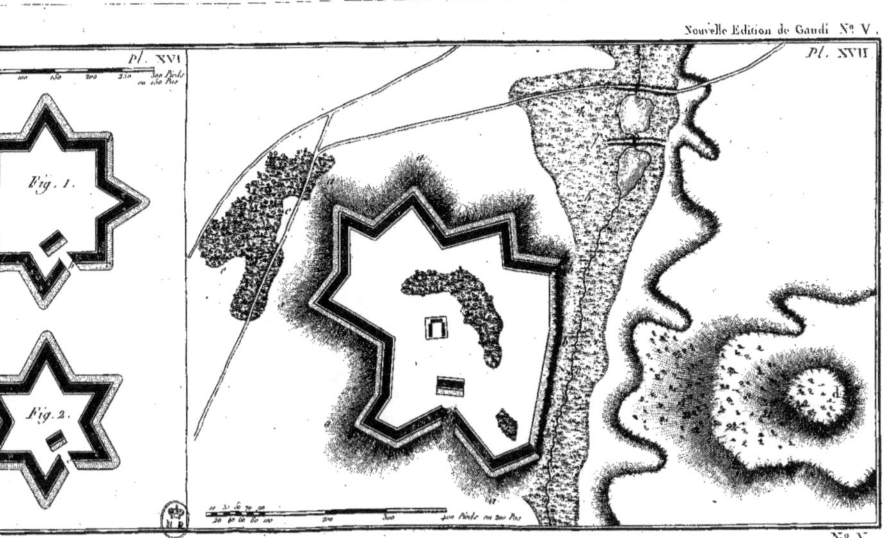

Pl. XVI
Pl. XVII
Nouvelle Edition de Gaudi Nº V.
Fig. 1.
Fig. 2.
Nº V.

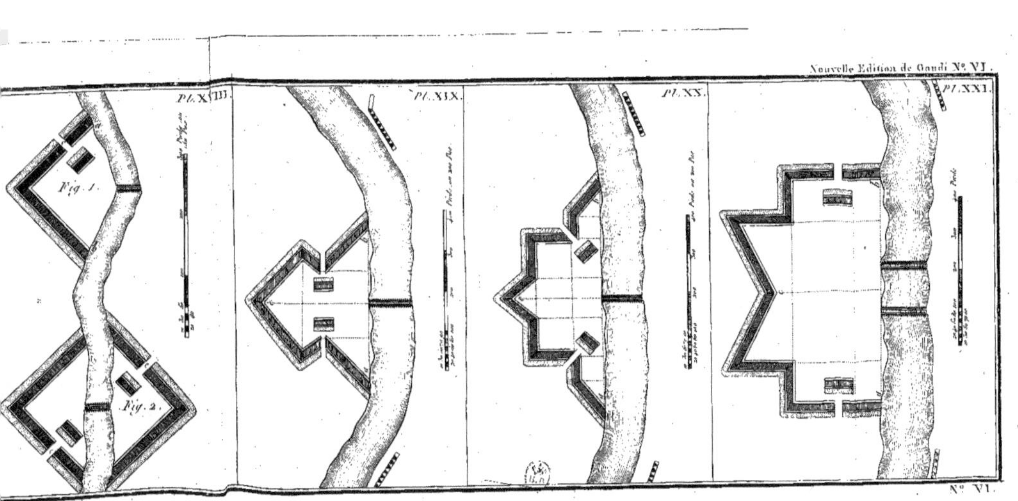

Nouvelle Edition de Gaudi No. VI.
Pl. XVIII.
Pl. XIX.
Pl. XX.
Pl. XXI.
Fig. 1.
Fig. 2.
No. VI.

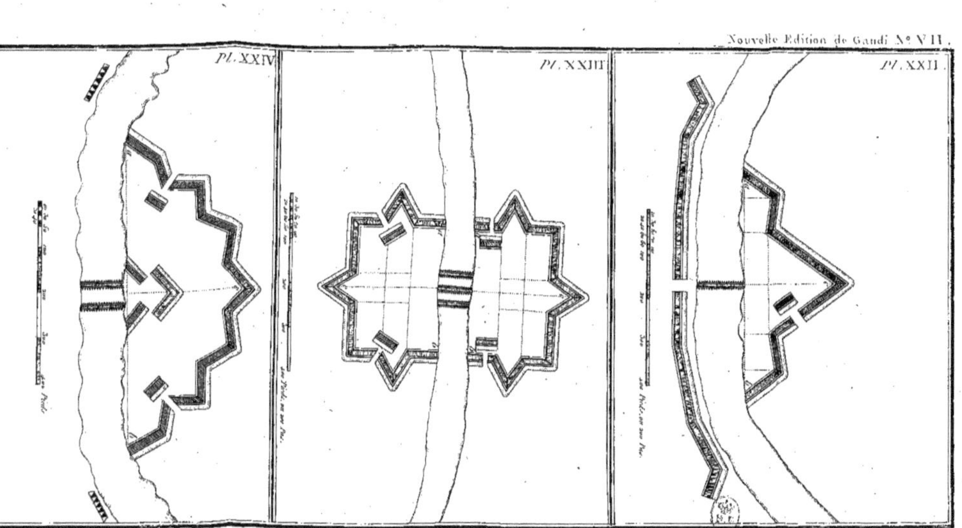

Nouvelle Edition de Gandi N.º VII.
Pl. XXIV
Pl. XXIII
Pl. XXII
N.º VII.

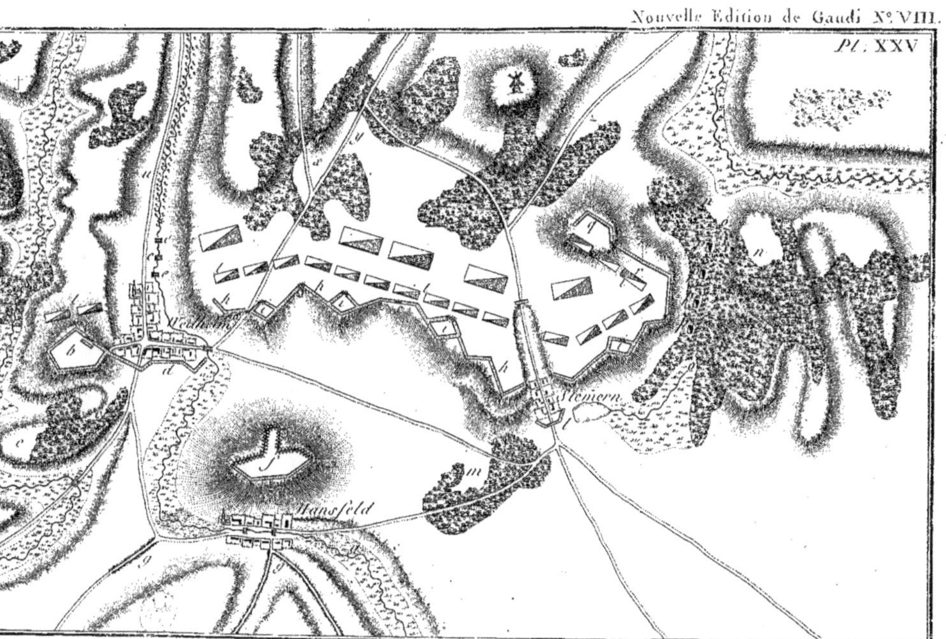

Pl. XXV
Wedhem
Memern
Hansfeld

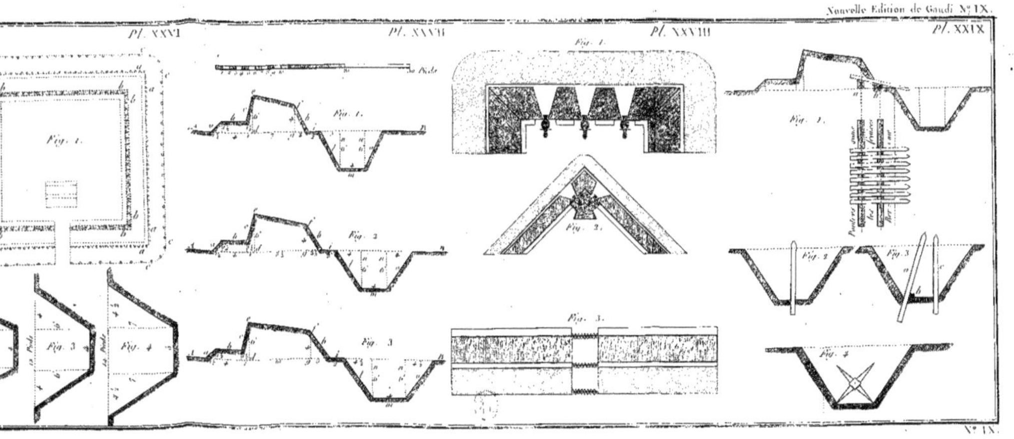
Nouvelle Edition de Gaudi Nᵒ IX.
Pl. XXXVI
Pl. XXXVII
Pl. XXXVIII
Pl. XXIX
Fig. 1.
Fig. 2.
Fig. 3.
Fig. 4.
Nᵒ IX

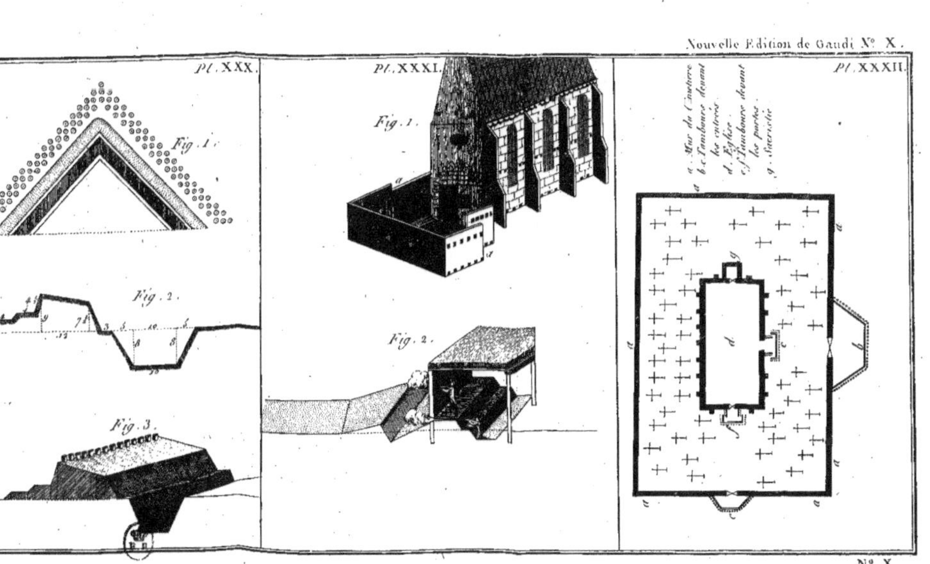

Pl. XXX.
Fig. 1.
Fig. 2.
Fig. 3.
Pl. XXXI.
Fig. 1.
Fig. 2.
Pl. XXXII.
a. Mur de l'Enceinte
b.c. Tambours devant les entrées
d. Eglise
e.f. Tambours devant les portes
g. Sacristie

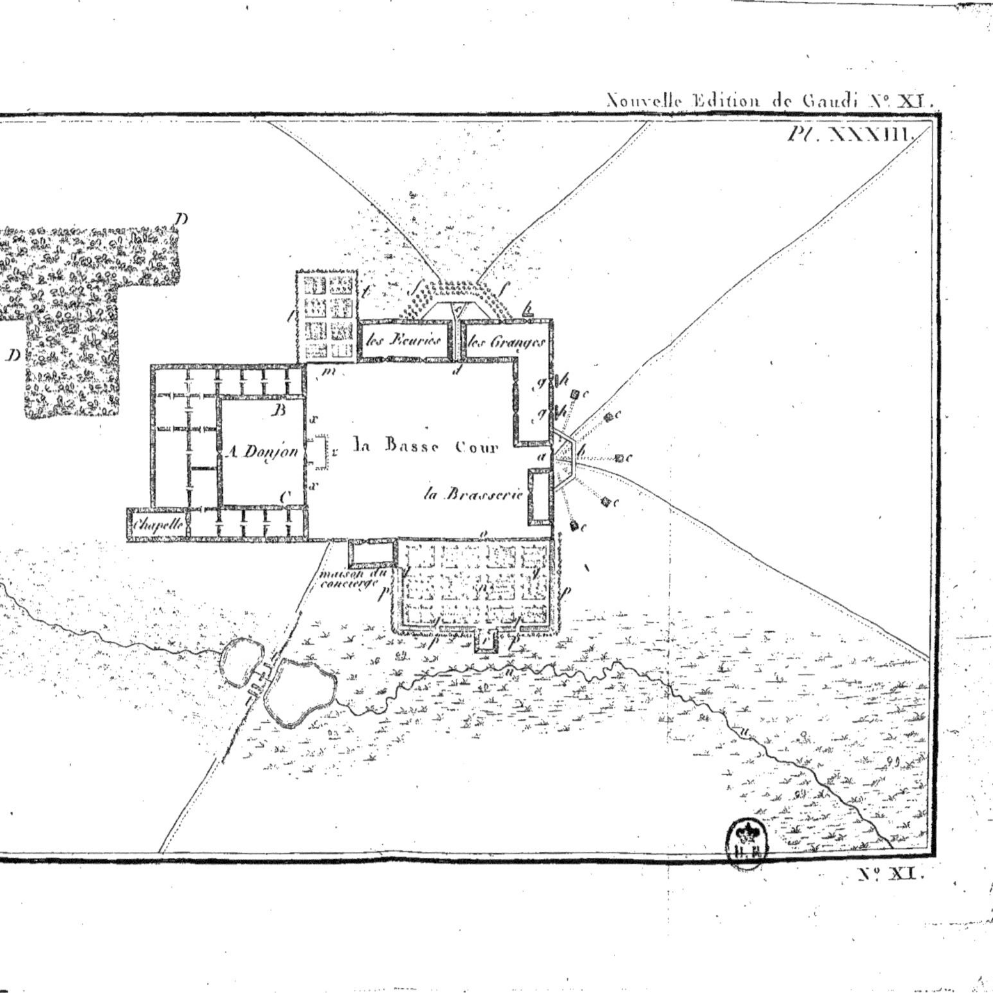

Nouvelle Edition de Gaudi N.º XI.
Pl. XXXIII.
D
D
les Ecuries
les Granges
B
A Donjon
la Basse Cour
C
la Brasserie
Chapelle
maison du
concierge
N.º XI.

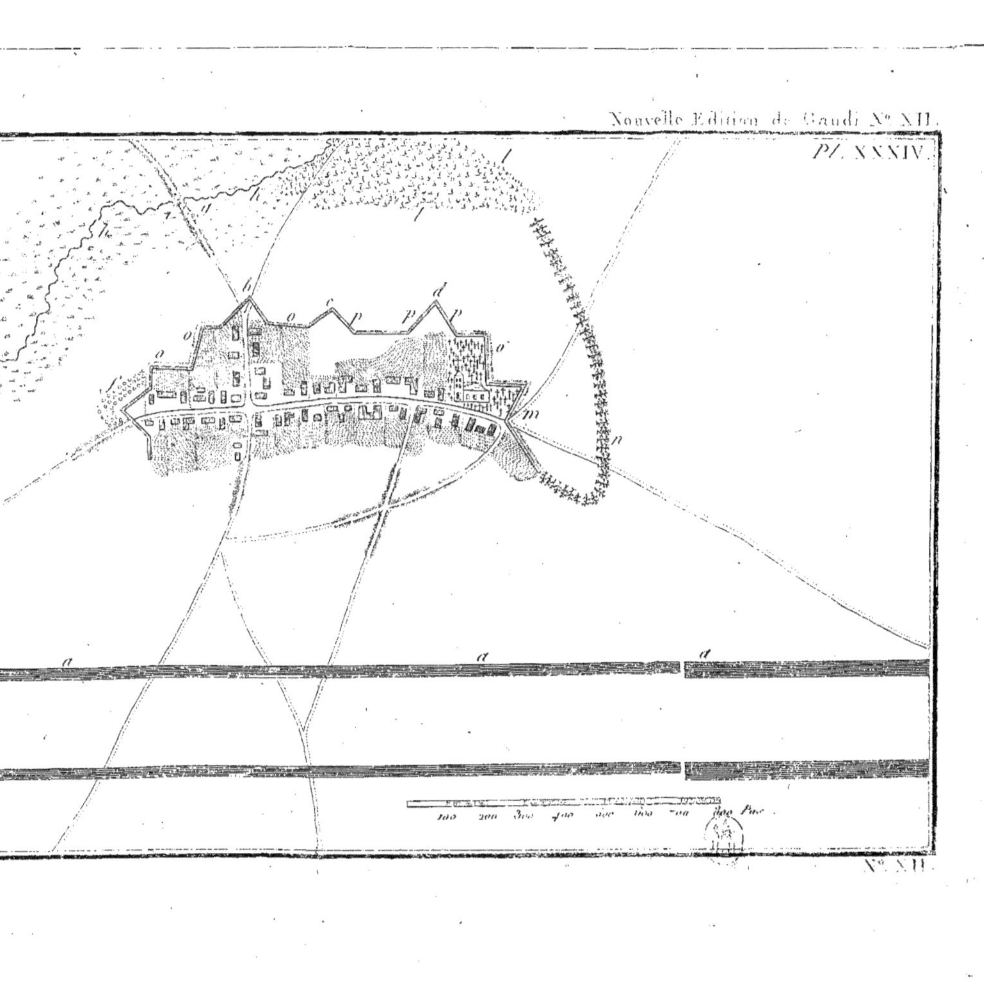

Nouvelle Édition de Gaudi Nᵒ XII.
Pl. XXXIV.
100   200   300   400   500   600   700   800 Pas.
Nᵒ XII.

Nouvelle Edition de Gaudi N° XIII
Pl. XXXV
Pl. XXXVI
Pl. XXXVII
Fig. 1.
Fig. 2.
Camp
N° XIII.

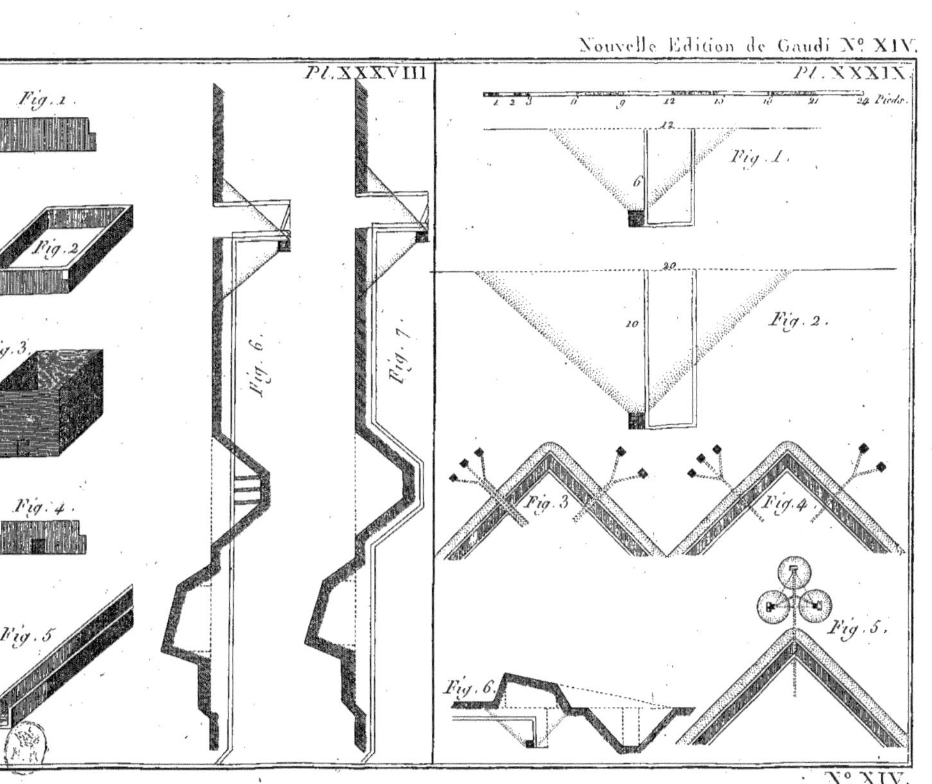
Pl. XXXVIII
Pl. XXXIX
Fig. 1.
Fig. 2.
Fig. 3.
Fig. 4.
Fig. 5.
Fig. 6.
Fig. 7.
Fig. 1.
Fig. 2.
Fig. 3.
Fig. 4.
Fig. 5.
Fig. 6.
1 2 3   6   9   12   15   18   21   24 Pieds.
12
6
20
10
N.º XIV.

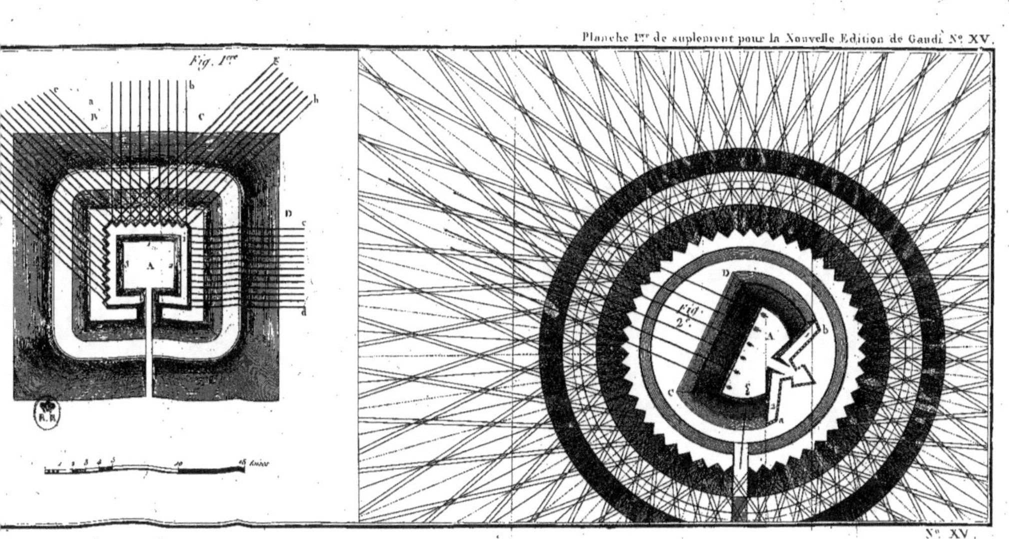

Planche 1re de suplement pour la Nouvelle Edition de Gaudi. No XV.
Fig. 1re
g
b
h
a
c
D
c
A
d
N° XV.
Fig. 2e
D
A
b
c
a

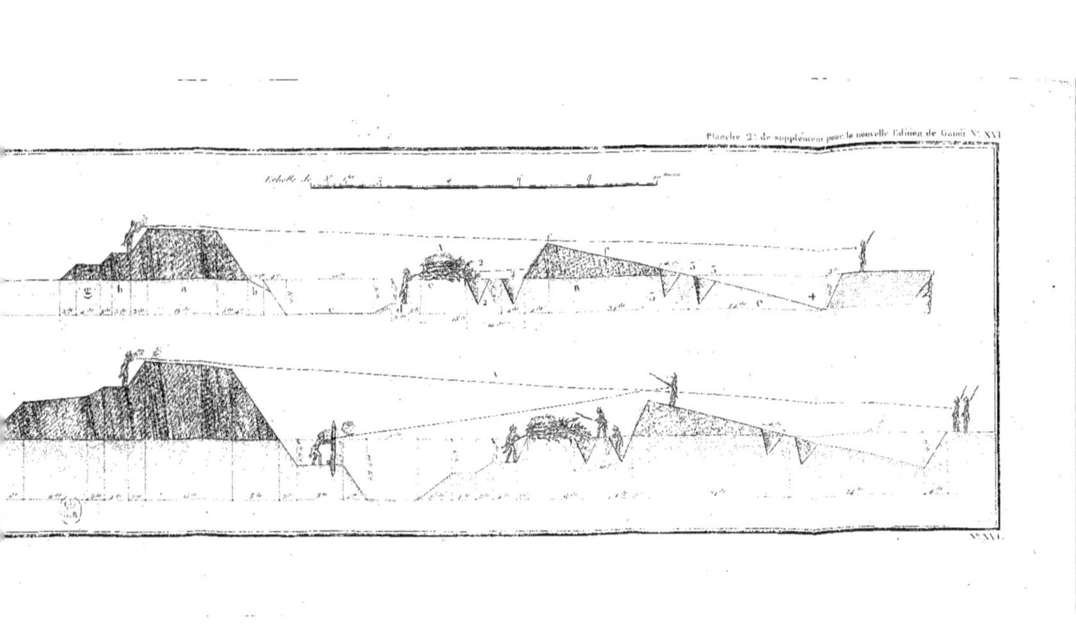

Planche 2.e de supplément pour la nouvelle Édition de Gautù N.o XVI
Échelle de

d
a
c
b
3 B   B 3   B 3   B 3   B 3   B 3
A 2   A 2   A 2
d
a
c
b
Echelle de 36 lignes pour 5¾ Piede.
Partie du Fossé du retranchement.

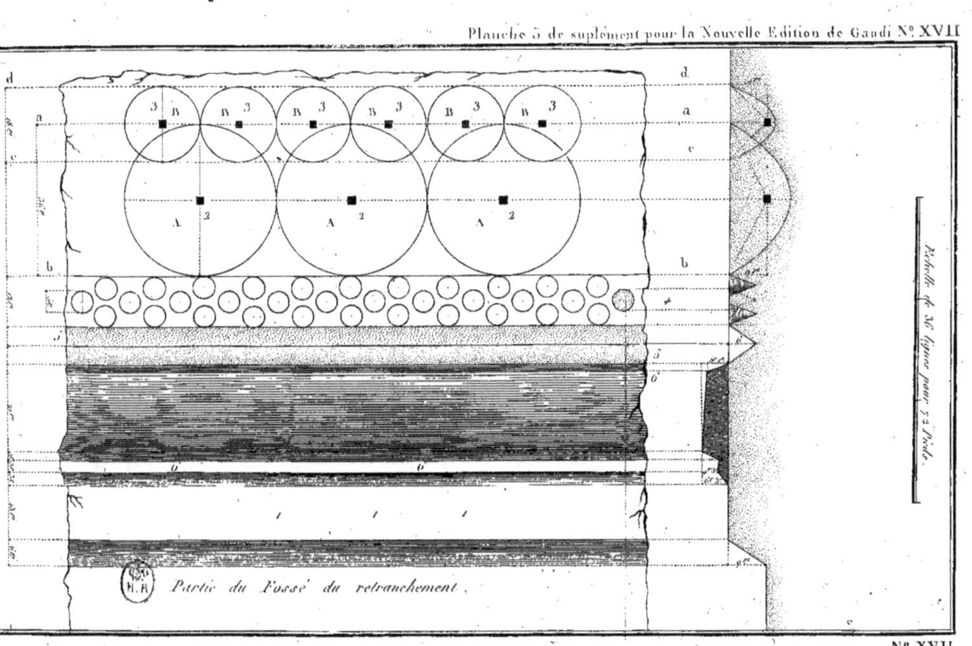

Nº XVII.

www.ingramcontent.com/pod-product-compliance
Lightning Source LLC
LaVergne TN
LVHW020526060726
842525LV00004B/1090